智赋选频　能通无线

# 人工智能技术在高频通信选频中的应用

## 智能高频通信选频技术

王　健　著

国防工业出版社

·北京·

# 内 容 简 介

高频(HF)通信是全球关注且是在危机和恶劣条件下最可靠的通信方式。当前,国内外研究的热点集中在新一代智能 HF 通信系统上,而贯穿整个通信过程的难点仍然是选频问题。作为 HF 通信选频与人工智能领域的交叉学科专业书籍,本书在内容上涵盖了 HF 通信频率长期预测和短期预报两方面的内容。全书共 8 章:第 1 章为绪论,第 2 章和第 3 章围绕 HF 通信选频的技术背景和研究需求进行了说明;第 4 章是全书承上启下的章节,是前 3 章节的总结和扩展说明,同时为后续章节指明了具体的研究方向;第 5 章和第 6 章提出了亚洲区域高精度增强的长期预测模型,第 7 章和第 8 章利用混沌动力学方法建立了 HF 通信可用频率短期预报模型。

本书可供 HF 通信、电离层、频谱管理及人工智能相关领域感兴趣的研究人员和工程技术人员阅读参考。

**图书在版编目(CIP)数据**

人工智能技术在高频通信选频中的应用/王健著.
北京:国防工业出版社,2024.7. -- ISBN 978 - 7 - 118 - 13385 - 1

Ⅰ. TN77 - 39

中国国家版本馆 CIP 数据核字第 20242EL125 号

※

国防工業出版社出版发行

(北京市海淀区紫竹院南路 23 号　邮政编码 100048)
雅迪云印(天津)科技有限公司印刷
新华书店经售

\*

开本 710×1000　1/16　插页 11　印张 13½　字数 280 千字
2024 年 7 月第 1 版第 1 次印刷　印数 1—1500 册　定价 149.00 元

**(本书如有印装错误,我社负责调换)**

| 国防书店:(010)88540777 | 书店传真:(010)88540776 |
| 发行业务:(010)88540717 | 发行传真:(010)88540762 |

# 序

高频通信,也称为短波通信,其历史悠久且辉煌,是人类最早发明且成本低廉的中、远程通信方式之一,具有组网灵活、机动性好、抗毁性强等优点,至今仍在航空、水上、陆地等军民无线电业务和应急救援等领域发挥重要作用,在极端恶劣条件下甚至成为保底通信手段。

高频通信利用天波信道(电离层反射)实现中、远程传输,是一种典型的"靠天吃饭"的通信手段,其可靠性不尽人意。正因为如此,高频通信虽已经历了几代发展,但其核心问题——基于电离层时变特性的通信选频仍需不断优化。早期高频通信系统的选频,多依靠通信管理部门或人员的经验,具有很大的主观性和局限性,通信质量容易受到影响。随着自动链路建立技术的出现和发展,高频通信选频技术显出更为重要。在相当长的时间内,高频通信选频是根据天波信道可用频率长期预测来确定的,此类方法后被国际电信联盟采纳并形成了建议书和标准。

实际上,由于高频通信天波信道变化的复杂性,不仅要考虑信道的长期统计变化特性,更要考虑信道的短时动态变化特性,以支撑高频通信频率长期规划和短期优化的两类需求。当前,高频通信电磁环境不断恶化,如何从历史观测数据中预测未来的信道状态并实时找出最优工作频率是需要解决的重点难题,传统方法难以满足这一需求。随着人工智能技术的发展,人们希望人工智能技术能为高频通信选频提供一个强大的工具,以提高高频通信选频的智能化水平。

为更好地满足高频通信系统长期规划和短期优化的选频需求,作者在分析高频通信电磁环境复杂性和人工智能技术基础上,引入机器学习和智能计算两类人工智能方法,建立高频通信信道特征参数、工作频率的长期预测和短期预报模型,同时优化高频通信选频体系,旨在推进高频通信选频的智能化和精细化,提高高频通信质量和可靠性。相比国际电信联盟建议模型,作者所建模型具有一定优势,性能明显提高。

作为同行,我有幸提前阅读了该书初稿。与其他通信类著作相比,该书选材于作者在本领域的代表性成果和经验体会,重点研究了高频通信选频技术,是一本很有特色的专著,可供从事高频通信的工程技术人员使用,对广大从事无线通信、雷达探测、频谱管理的研究人员以及信息与通信工程专业方向的高年级本科生、研究生等也具有一定参考价值。

中国工程院院士

# 前　言

　　源于远程、无中继、低成本、部署灵活等独特优势,高频(HF)通信一直在军用通信、抢险救灾、全球广播等领域发挥着极为重要的作用。目前,智能化是公认的关键特性。为满足未来智能 HF 通信系统长期规划和短期优化的选频需求,在分析 HF 通信环境复杂性和人工智能技术的基础上,利用人工智能(AI)的方法重建了 HF 通信频率长期预测和短期预报模型。该书为本人集数年之学所得一域之理,意在与领域专家、学者共享,激发有志者加入到该领域的研究中来,促进智能 HF 通信技术的快速发展,促进我国在该领域的研究和应用早日赶超世界先进水平。全书共划分为九章:

　　第 1 章为绪论。本章围绕 HF 通信及其选频技术,首先介绍了本书内容的技术背景,接着回顾了 HF 通信系统的发展历程和 HF 通信选频技术的研究现状,总结未来的发展趋势和主要挑战,指出了本书研究出发点和关键点,最后就本书主要内容和重要贡献进行了说明。

　　第 2 章和第 3 章围绕 HF 通信选频的技术背景和研究需求展开。其中,第 2 章分析了 HF 通信环境的时空复杂性与天波传播特点,重点阐述了影响 HF 通信的电离层的环境和无线电噪声时空变化特性以及 HF 通信环境的复杂性,并在此基础上分析了 HF 天波传播的特点,旨在说明 HF 通信选频的必要性。第 3 章围绕现有的 HF 天波传播预测与通信选频体系及其方法,重点分析了 ITU - R 建议方法及其主要特点,回顾了国际参考电离层(IRI)、ITU - R 参考电离层、中国参考电离层以及其他电离层模型的发展,最后对 HF 天波传播预测方法进行了简要介绍。第 3 章与第 2 章互为补充,阐明了 HF 通信智能选频的技术背景,为后续章节提供了研究需求。

　　第 4 章是全书承上启下的章节,也是前 3 章节的总结和扩展说明,同时也是后续章节的引领性章节,具体分析了现有 HF 通信选频方法及其特点,结合 AI 技术提出了利用统计机器学习和混沌动力预测方法分别助力 HF 通信频率长期预测和短期预报模型的思路,为后续章节的研究指明了具体的研究方向。

　　作为第 4 章一个研究方向的具体实施,第 5 章和第 6 章面向 HF 通信可用频率长期规划的需求,提出了亚洲区域高精度增强的长期预测模型。其中,第 5 章从 HF 通信可用频率的重要参数——电离层 foF2 入手,重建亚洲区域精细化模型,详细地给出了电离层特征参数周年动态变化、空间动态变化映射和昼夜变化映射及其参数的确定过程,最后对所建模型进行验证分析,并与 IRI 模型的预测结果进行了对比,证实了模型有效性和可靠性。第 6 章从最高可用频率(MUF)、最优工作频率(OWF)和最高可能频率(HPF)入手利用统计机器学习方法建立了三类参数的区域细粒度预测模型,并对重建模型的预测性能进行了评估,证实了模型的可靠性和高精度;最后,利用实际通信采集得到的 MUF、OWF 和 HPF 数据进一步验证在上述参数支撑下的 HF 可用频率长期预测模型,并与 ITU – R 模型进行对比分析。第 5 章内容是第 6 章研究的技术基础,第 6 章内容是第 5 章成果的应用扩展。

作为第 4 章所述另一研究方向的具体实施,第 7 章和第 8 章面向 HF 通信频率短期优化需求,利用混沌动力学方法建立了 HF 通信可用频率短期预报模型。其中,第 7 章阐述了电离层 F2 层临界频率(foF2)短期预报模型,旨在为实现 HF 通信可用频率预报提供技术基础,该模型是基于观测数据利用 Volterra 自适应方法实现 foF2 小时级预报。通过对预报方法在不同风暴期、不同季节和太阳活动期下的验证,确定方法应用的最佳训练周期,并通过与 IRI 模型的对比分析,证实了方法的可用性和可靠性。第 8 章作为第 7 章的扩展应用,提出了基于混沌动力学和改进曲面样条插值理论的 MUF 的短期预报模型。首先,利用 Volterra 自适应方法建立了 MUF 传输因子小时级短期预报模型;然后,利用改进的电离层距离曲面样条插值理论,提出预报参数空间插值方法,从而导出了 MUF 小时级短期预报模型;最后,对模型进行了验证分析。第 7 章内容是第 8 章研究的技术基础,第 8 章内容是第 7 章成果的应用扩展。7、8 两章内容与 5、6 两章内容相互补充,成为 HF 通信频率长期预测和短期预报的两个支撑内容。

本书的撰写和出版得到了众多师长、同事和合作伙伴,以及家人的鼓励与支持,特别是杨铖、土亚菲两位博士的大力帮助,在此一并表示衷心感谢!

由于作者水平有限,书中难免存在不妥之处,敬请专家、同仁、读者批评指正。

作者<br>2023 年 9 月

# 目 录

## 第1章 绪论 ··· 001
### 1.1 技术背景 ··· 001
### 1.2 国内外研究现状 ··· 004
#### 1.2.1 HF通信系统发展历程 ··· 004
#### 1.2.2 全球HF通信系统现状 ··· 008
#### 1.2.3 HF通信选频技术发展 ··· 012
#### 1.2.4 发展趋势和主要挑战 ··· 014
### 1.3 本书内容及主要贡献 ··· 016
#### 1.3.1 技术需求 ··· 016
#### 1.3.2 主要内容 ··· 017
#### 1.3.3 重要贡献 ··· 019

## 第2章 HF通信环境的时空复杂性与天波传播特点 ··· 021
### 2.1 电离层环境 ··· 021
#### 2.1.1 电离层概念 ··· 021
#### 2.1.2 电离层结构 ··· 023
#### 2.1.3 电离层成因 ··· 023
#### 2.1.4 电离层变化 ··· 026
### 2.2 无线电噪声 ··· 033
#### 2.2.1 无线电噪声源 ··· 033
#### 2.2.2 无线电噪声的时空特征 ··· 035
#### 2.2.3 无线电噪声的近年变化 ··· 039
### 2.3 HF天波传播特点 ··· 047
#### 2.3.1 信号衰落 ··· 049
#### 2.3.2 多径时延 ··· 049
#### 2.3.3 电离层吸收 ··· 050
#### 2.3.4 多普勒效应 ··· 050

# 第3章 HF 天波传播预测与通信选频体系及其方法 ········· 052

## 3.1 当前的选频体系与方法 ········· 052
### 3.1.1 术语定义 ········· 053
### 3.1.2 ITU-R 基础支撑方法 ········· 054
### 3.1.3 ITU-R 频率预测方法 ········· 054
### 3.1.4 方法特点 ········· 063

## 3.2 电离层参数模型的发展 ········· 064
### 3.2.1 国际参考电离层 ········· 064
### 3.2.2 ITU-R 电离层模型 ········· 065
### 3.2.3 中国参考电离层 ········· 067
### 3.2.4 其他模型 ········· 068

## 3.3 HF 天波传播预测方法 ········· 068
### 3.3.1 控制点 ········· 068
### 3.3.2 电离层参数 ········· 069
### 3.3.3 接收场强 ········· 070

# 第4章 HF 通信选频体系优化与 AI 技术助力应用方向 ········· 079

## 4.1 人工智能的技术发展与研究方法 ········· 079
### 4.1.1 人工智能的起源与发展 ········· 079
### 4.1.2 人工智能重点研究方向 ········· 080

## 4.2 面向智能 HF 通信系统的选频体系 ········· 084
### 4.2.1 未来 HF 通信选频的研究方向 ········· 084
### 4.2.2 增强的智能 HF 通信选频体系 ········· 087

## 4.3 AI 技术发展及助力 HF 通信选频方向 ········· 089
### 4.3.1 AI 助力 HF 通信选频的方案 ········· 089
### 4.3.2 AI 助力 HF 通信选频的技术 ········· 092

# 第5章 统计机器学习重建电离层参数 foF2 长期预测模型 ········· 097

## 5.1 基于 SML 的建模思路 ········· 097
## 5.2 建模训练数据的选取 ········· 099
## 5.3 foF2 模型映射的建立 ········· 102
### 5.3.1 周年动态变化映射确定 ········· 104
### 5.3.2 空间动态变化映射确定 ········· 107
### 5.3.3 昼夜动态变化映射选择 ········· 109

5.4 foF2 模型参数的确定 ……………………………………………… 109
    5.4.1 周年动态变化参数确定 ………………………………………… 110
    5.4.2 空间动态变化参数确定 ………………………………………… 111
    5.4.3 昼夜动态变化参数确定 ………………………………………… 113
5.5 foF2 模型的验证分析 …………………………………………… 115
    5.5.1 预测流程 ……………………………………………………… 115
    5.5.2 对比分析 ……………………………………………………… 115

## 第 6 章 区域化细粒度 HF 通信可用频率增强预测模型 ……………… 126

6.1 建模思路 ………………………………………………………… 126
    6.1.1 技术内涵 ……………………………………………………… 126
    6.1.2 技术路线 ……………………………………………………… 127
    6.1.3 建模流程 ……………………………………………………… 128
6.2 建模训练数据 …………………………………………………… 130
    6.2.1 M(3000)F2 建模训练数据 …………………………………… 130
    6.2.2 OWF 与 HPF 转换因子建模训练数据 ………………………… 133
6.3 M(3000)F2 精细化建模 ………………………………………… 136
6.4 OWF 转换因子细粒度建模 …………………………………… 140
6.5 HPF 转换因子细粒度建模 …………………………………… 147
6.6 模型验证分析 …………………………………………………… 153
    6.6.1 独立因子模型验证 …………………………………………… 153
    6.6.2 可用频率预测模型对比 ……………………………………… 162

## 第 7 章 基于混沌动力学的电离层参数 foF2 短期预报模型 …………… 169

7.1 电离层参数短期预报需求 ……………………………………… 169
7.2 基于 Volterra 滤波器的自适应预测方法 ……………………… 170
7.3 电离层 foF2 短期预报流程 …………………………………… 172
    7.3.1 foF2 观测数据预处理 ………………………………………… 173
    7.3.2 相空间重构与混沌吸引子 …………………………………… 174
    7.3.3 foF2 混沌特性的量化评价 …………………………………… 176
    7.3.4 foF2 自适应短期预报 ………………………………………… 177
7.4 电离层 foF2 短期预报方法验证 ……………………………… 178
    7.4.1 最佳训练周期确定 …………………………………………… 178
    7.4.2 不同风暴期的对比 …………………………………………… 179
    7.4.3 不同季节特性的对比 ………………………………………… 181

7.4.4　不同太阳活动期的对比 …………………………………… 182
　　7.4.5　与 IRI 分析结果的对比 …………………………………… 182

# 第8章　混沌赋能 HF 通信最高可用频率短期预报模型 ………………… 185
## 8.1　MUF 短期预报思路 ……………………………………………… 185
## 8.2　M(3000)F2 混沌短期预报模型 ………………………………… 186
　　8.2.1　观测数据预处理 ……………………………………………… 187
　　8.2.2　延迟时间和嵌入维数的确定 ………………………………… 188
　　8.2.3　相空间重构与混沌吸引子 …………………………………… 188
　　8.2.4　M(3000)F2 的自适应预报 …………………………………… 190
## 8.3　预报参数空间特性的插值方法 ………………………………… 192
　　8.3.1　基于地磁坐标的改进曲面样条插值方法 …………………… 193
　　8.3.2　预报参数空间插值方法交叉验证 …………………………… 194
## 8.4　MUF 短期预报方法验证分析 …………………………………… 199

# 参考文献 ……………………………………………………………………… 202

# 第 1 章

# 绪 论

高频(High Frequency,HF)通信系统已经历三代发展,HF 通信的最大难题是选频问题。随着 HF 通信技术飞速发展和认知无线电研究的兴起,在 HF 无线通信选频过程中引入机器学习、智能计算、认知无线电等思想是下一代智能 HF 通信发展的方向之一。面向下一代智能化 HF 无线通信系统如何选频、用频,本章首先介绍了本书撰写的技术背景,接着回顾了 HF 通信系统发展历程,分析三代 HF 通信系统特点,同时对 HF 通信选频及电离层建模技术的研究现状展开论述,总结未来的发展趋势和主要挑战,找出面向下一代 HF 通信系统的增强选频技术研究需求。最后阐述本书的主要内容、重要贡献及结构安排。

## 1.1 技术背景

HF 是国际无线电联盟(International Telecommunication Union,ITU)为无线电通信和雷达等业务定义的一个频段,其频率范围为 3～30MHz,波长为 10～100m。在某些应用环境中,HF 频率范围通常扩展为 2～30MHz,该频段广泛应用在业余无线电、军事和政府通信、全球海上遇险和安全系统通信以及雷达探测中。

HF 通信作为一种古老、传统的通信手段,其无线电波传播模式包括地波传播和天波传播两类。地波传播包括表面波、直达波和反射波三个分量,其中以表面波为主;由于地面对 HF 无线电波的吸收性较强,所以地波传播衰减很大,一般情况下,传播距离只有几十千米,不适合做远距离通信。与地波传播不同,天波在电离层中的损耗却小得多,可利用电离层对 HF 天波的一次或多次反射实现超远距离乃至全球的通信,HF 通信示意图如图 1-1 所示。同时 HF 通信还具有高机动性、组网灵活、抗毁性强等优点,且能够有效避免高成本和使用主权等问题。习惯上,HF 通信通常指 HF 天波通信,这也是近百年来的研究热点。

因此，在此特指为 HF 天波通信（以下称为 HF 通信）。

图 1-1　HF 通信示意图

近年来，尽管超 HF、微波、卫星等新型无线通信等系统不断涌现，但 HF 通信这一传统的通信方式仍然受到全球关注，不仅未被淘汰，而且还在不断快速发展。这主要源于 HF 通信可实现无中继远程通信，同时具有高机动性、组网灵活、抗毁性强等优点，其自主通信能力和抗毁能力均高于其他通信方式。因此，在过去的数十年，HF 通信在军事、政府、商业、救援等领域发挥了不可替代的作用：数字化战争和地震、雪灾等极端自然灾害会导致野战光纤和通信线缆的中断、大型固定式中继无法保全、卫星通信致盲瘫痪；而 HF 通信因其不受网络枢纽和有源中继体制的制约，成为最低限度、应急通信的最后一道防线，特别是在山区、戈壁、海洋等缺少其他通信手段的地区。

一方面，HF 通信由于其本身电波传播的特点导致其存在着固有的劣势，这主要源于 HF 通信的上边界——电离层是一种时变色散信道，不仅仅是随季节、昼夜和地域变化的，而且还受太阳活动、地磁等空间环境的影响。电离层分层结构示意图如图 1-2 所示，电离层是位于地球表面上空 60~1000km 间的大气层，由三个不同的层组成，即 D 层、E 层和 F 层，F 层通常分为 F1 层和 F2 层。电离层的动态变化导致了 HF 通信信道会随之波动，致使 HF 通信最优载波频率和可用频段同样是动态变化的，这一变化直接影响着 HF 通信的可靠性和稳定性。

另一方面，由于受电离层动态变化的影响，HF 通信工作频率会随着地点、季节、昼夜的变化而不断变化，因此，HF 通信中工作频率是不能任意选择的。HF 通信频率及其对应接收功率的观测结果如图 1-3(a)所示，HF 通信接收功率存在着明显的频率窗口，所以，HF 通信系统通常利用最高可用频率（Maximum Usable Frequency,MUF)、最优工作频率(Optimum Working Frequency,OWF)、最高可能频率(Height Probable Frequency,HPF)以及最低可用频率(Lowest Usable Frequency,LUF)等参量进行可用频段和优质频率的选择,HF 通信可用频段及优质频率长期预测结果如图 1-3(b)所示。只有精准的选取和使用与电离层变化相适应的工作频率,才可以确保 HF 通信的最优质量和可靠性。

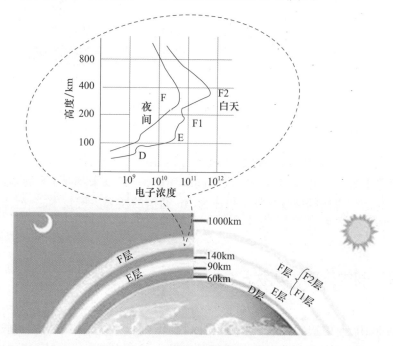

图 1-2 电离层分层结构示意图

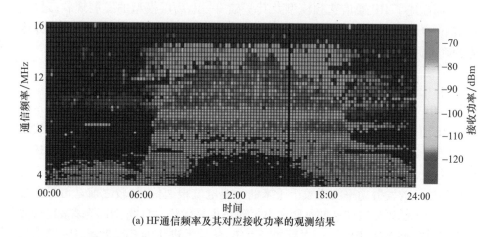

(a) HF 通信频率及其对应接收功率的观测结果

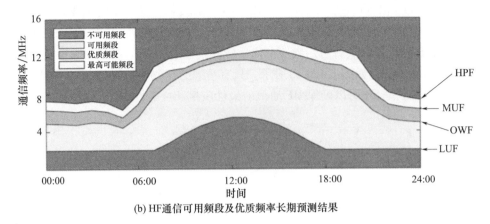

(b) HF通信可用频段及优质频率长期预测结果

图1-3  HF通信可用频段窗口及优质频率分布示意图(见彩图)

因此,根据具体的通信时段、地域及与其对应的电离层变化规律,进而确定通信链路未来通信时段的可用频段和优质频率,一直以来都是 HF 通信的热点之一。与之相应的频率选择技术也成为 HF 通信的核心关键技术之一。这正是当前研究的热点和难点。

## 1.2　国内外研究现状

瞄准 HF 通信选频技术,本节首先回顾 HF 通信系统发展的历程;通过分析 HF 通信的发展历程,指出其中的重要技术要点和难点问题——HF 通信选频问题,进而描述了 HF 通信选频模型及其基础——电离层模型的发展现状;最后,总结下一代 HF 通信及选频技术的发展趋势和面临的主要挑战,为本书研究内容的确定提供基础。

### 1.2.1　HF 通信系统发展历程

HF 通信的发展历史悠久,是人类最早发现且成本低廉的远距离通信方式之一,在整个通信技术的发展过程中乃至当今,都发挥着非常重要的作用。1921年,无线电通信的先驱们发现 HF 频段的远距离传输能力——可以利用更小的天线和更低的发射功率实现数千千米的无线电电报通信,这较之前马可尼和其他先驱利用低频频段实现的远距离电报通信更具优势。自此,HF 频段被授权业余无线电爱好者用于实验。之后的近百年,从技术进化的角度来看,HF 通信系统经历了三代发展历程。HF 通信系统的发展历程如图1-4所示,对于任何比上一代系统更新的一代产品,均取得一定的技术突破。未来的新一代 HF 通信系统将具备智能操控、异构组网、宽带传输等能力。

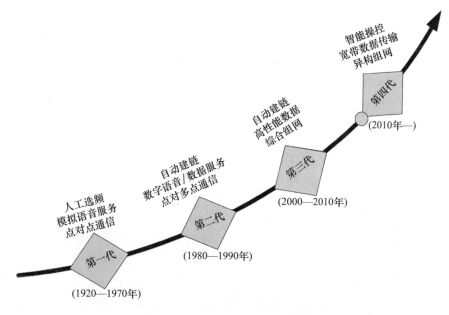

图 1-4　HF 通信系统的发展历程

### 1.2.1.1　第一代系统

最早的 HF 无线电信号是基于火花隙发射器的,它是由赫兹(Hertz)的原始实验装置发展而来的,限于无线电数量的迅速增长造成对其他无线电系统干扰,20 世纪初大量研究工作是围绕窄带 HF 电台展开的,这促进了新型 HF 无线电发射机的快速发展。连续波振荡器的发明为无线电报中使用的开关链控调制(On-off Keying Modulation,OOKM)和无线电话中使用的幅度调制(Amplitude Modulation,AM)提供了稳定窄带载波,后者可以在 3kHz 信道中无线传输语音,由此,HF 无线电信号通常分配在 3kHz 信道中,所以 HF 无线电通信基于这个窄带宽得到了发展;随着技术的不断进步,连续波调制逐渐被频移键控(Frequency Shift Keying,FSK)、相移键控(Phase Shift Keying,PSK)和正交幅度调制(Quadrature Amplitude Modulation,QAM)等方式所取代,这些调制方式在 HF 信道上具有更好的性能。数十年间,HF 天波通信一直被用作提供远程通信服务的主要手段,其中一个关键挑战是找到一个可用频率,用以支持所需通信业务。第一代(1G)HF 通信系统,在使用中,可用频率是由熟练的无线电操作员手动选择的,但并不能提供良好的全时可靠性。

1965 年前,HF 通信成为了远程通信,特别是洲际通信的重要手段。但 20

世纪60年代，随着人们对信息通信的广泛需求，对传输质量提出了越来越高的标准；新的无线电频段的开发利用以及卫星通信方式的出现使无线电远距离通信的手段多样化，新型通信手段接管了HF通信的大部分业务，信息传输的容量和可靠性都有着跨越式的发展，这些通信方式频段更高、带宽更大、速率更快、传输更可靠。由于HF通信突显的弱点，使其在通信领域中的地位受到了冷淡，一直持续了近20年。

### 1.2.1.2 第二代系统

自20世纪80年代初开始，HF通信再次受到了高度重视并得到了迅速发展，主要原因是针对卫星通信，出现了攻击性和破坏性的武器，使得HF无线电通信的独特优势更加明显，特别是在军事上。1980年美国国防部核武器局曾明确指出：一个国家在遭受原子弹袭击后，最有希望恢复通信的解决方案是HF通信，该方式成本不高而且易于寻找信道。此外，由于数字信号处理技术的许多突破和有效应用，HF通信实现了自动化并从模拟通信向数字通信转变。

第二代(2G)HF通信系统的一个关键特点是自动建链通信。20世纪70年代末到20世纪80年代初的一段时间，技术领先的HF无线电公司开始使用微处理器，不仅在设计的无线电中提供强大的计算能力，而且成功控制了可用频率的发送过程，称为自动建链(Automatic Link Establishment，ALE)。ALE使HF无线电的使用变得更容易，通信更加先进。20世纪80年代初，HF通信系统制造商独立开发了自己的ALE方法。1984年，米特公司(MITRE corporation)对美国政府现有和计划研发的HF无线通信网络进行了研究，并报告了各种通信系统不可互操作，无法实现互联；故美国联邦机构——国家通信系统(National Communication System)要求MITRE公司为HF-ALE制定标准，MITRE公司工程师Gene Harrison联合其他领先的工程师，融合当时许多最优理念，形成了HF-ALE标准。1988年10月，美国国防部采信了上述技术，颁布了HF自适应通信的军用标准MIL-STD-188/141A，目的是实现HF通信电台自适应互联互通和组网。1990年，联邦标准FED-STD-1045协议正式出台，该协议又简称1045协议，并成为事实上的国际标准。

通常，最初开发的ALE技术被认为是第一代ALE，MIL-STD-188-141A和FED-STD-1045中所标定的标准化、可互操作的系统被称为第二代ALE。

20世纪90年代中期，HF-ALE通信系统取得了显著的成功，HF-ALE通信系统的使用量迅速增长。随之人们对有限HF频段在世界范围内使用的日益拥挤开始担忧，而且这种担忧不断增加，并逐渐注意到了ALE系统的缺点：

(1) ALE 通信系统的异步操作模式需要长时间的扫描,一般为几十秒甚至更长;

(2) 自动频道选择要求所有可能被呼叫的电台必须在每个频道上发送信号,这增加了扫描的频率数目;

(3) ALE 系统最初设计用于支持语音服务,缺乏数据传输能力;

(4) 20 世纪 90 年代数字信号处理技术的进步并未在 ALE 系统中得到很好的体现。

显然,这需要进一步研究以更新技术、克服上述不足。

#### 1.2.1.3 第三代系统

第三代(3G)HF 通信目标是在较低的信噪比下更快地建链,承载更多的业务,并支持更大的网络。1998 年美国国防部提出了 MIL-STD-188-141B 标准取代了 MIL-STD-188-141A,该标准不仅提供了链路质量分析、ALE 和链路自动维护等关键功能的高级版本,还同时介绍了高速数据链路和低速数据链路的功能。在 21 世纪的第一个十年里,上述新的技术要求促使 HF 无线电技术研究和管理机构重新设计 ALE 技术。

与第二代 HF 通信技术相比,第三代 HF 通信技术能够更快、更稳定地连接,实现了三个方面的改进:

(1) 建链信噪比降低了 10dB;

(2) 网络容量提高了 10 倍;

(3) 数据吞吐量提高了 10 倍。

上述改进主要源于:

(1) 第三代通信系统 ALE 采用了同步操作模式,避免了第二代通信系统 ALE 异步操作模式下的长扫描呼叫;

(2) 第三代通信系统地址长度是固定的,最短约是第二代通信系统地址长度的一半,这导致协议数据单元更短,因而可以呼叫更快;

(3) 链路建立和业务通信的通道是分开的,这提高了整个网络的效率;

(4) 在链路建立协议中引入了各种冲突避免机制,以降低呼叫失败率;

(5) 第三代通信系统 ALE 使用的突发波形比第二代通信系统 ALE 使用的 8FSK 提高了 10 dB 以上的可靠性。

此外,第三代 HF 无线通信系统能够实现高性能的数据传输,通过有效的网络支持更大的网络,并提供从模拟和数字语音到电路和分组数据业务的综合服务。同时,HF 通信技术在全世界范围内获得了长足进步,正在催生新体制、新技术的新装备。更高的数据吞吐量和多样化的服务(如图像和视频)的需求促使研究和管理机构考虑突破长期使用3kHz 信道,MIL-STD-188-141C 和 MIL-

STD-188-110C 等最新的标准可支持高达 24kHz 的 HF 通信。

## 1.2.2 全球 HF 通信系统现状

美国、澳大利亚等国家建设了多个 HF 通信系统,主要有:美国海军特混舰队内部网络 HF(High Frequency Intra Task Force,HF-ITF)、HF 舰/岸网络(High Freqnency Ship-shore,HFSS)、增强型 HF 数字网络(Improved High Frequency Data Network,IHFDN)和澳大利亚的 LONGFISH 型等网络。

### 1.2.2.1 HF-ITF 网络

HF-ITF 网络结构如图 1-5 所示,美国的 HF-ITF 网络采用灵活的分布式自组织网络技术来提高抗毁和抗干扰性能。HF-ITF 网络内部节点组成一组节点群,每个节点至少属于一个节点群,每群有一个充当本群控制器的群首节点,本群中所有节点在群首的通信范围之内,群首通过网关连接起来为群内其他节点提供与整个网络的通信能力。

该网络能自动探测拓扑信息,自动确定群首节点,自动重组网络拓扑结构,自动实现网络信道控制和分配及网络路由控制,从而极大地提高了网络的抗毁能力,保证了网络在高度机动的情况下具有网络重组能力和较高的服务质量。

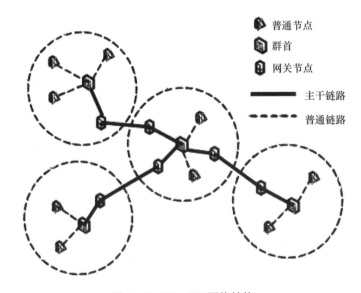

图 1-5 HF-ITF 网络结构

#### 1.2.2.2 HFSS 网络

HFSS 网络与 HF–ITF 同为美国海军研究实验室于 20 世纪 80 年代初开发的 HF 通信网络。与 HF–ITF 不同的是，HFSS 网络是具有集中网络控制节点的 HF 广域网，用于岸–舰之间的 HF 远程通信网络，该网络是北美试验的改进型 HF 数字网络。HFSS 网络结构如图 1–6 所示，是 HF 无线岸舰远程通信网络，采用集中控制形式，由岸站和大量水面舰船节点构成。通常，HFSS 网络由岸站充当中心节点，所有网络业务需通过中心节点。中心节点根据自己的选择序列决定激活网络内部某一条双向链路。

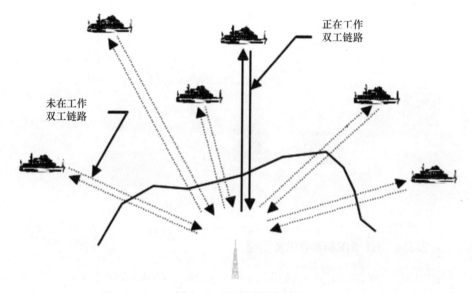

图 1–6　HFSS 网络结构

#### 1.2.2.3 LONGFISH 网络

LONGFISH(长鱼)是澳大利亚防御科学与技术组织 DSTO 为实施 MHFCS 而研制的 HF 实验网络平台。该网络的设计概念来自于 GSM 系统，它由四个在澳大利亚本土上的基站和多个分布在岛屿，舰艇等处的移动站组成。基站之间用光缆或卫星宽带链路相连，各基站组成一个骨干网络。由于基站位置固定，所以骨干网络中使用静态路由，而通信子网内部则视情况使用静态路由或动态路由。自动网络管理系统将用共同的频率管理信息提供给所有基站。每个基站使用单独的频率组用于预先分组的移动站的通信，以便减小频率探测和网络访问所需的时间。图 1–7 是 LONGFISH 网络结构图。

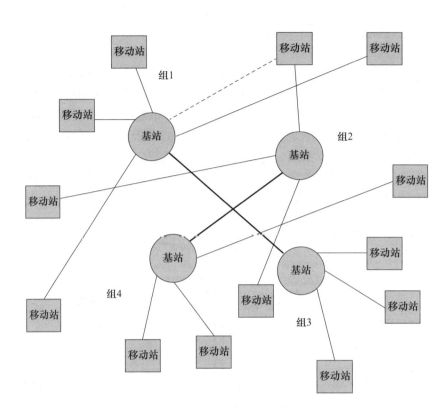

图1-7 LONGFISH 网络结构

#### 1.2.2.4 HF MESSENGER 网络

HF MESSENGER 网络结构如图1-8所示,HF MESSENGER 是 Collins 公司开发的数据通信产品,其提供一种服务器,帮助用户使用 HF 调解器和电台传送各种数据,并控制 HF 网络中各种设备,将 HF 链路连接到个人计算机网络中。该网络具有多种应用:可以为广播或多点通播提供无连接的服务,为点对点通信提供 ARQ 的服务,还可以在一条 HF 链路上提供特殊的委托业务,将该链路配置为独占或共享的 HF 链路。通过 HF MESSENGER 网络可与其他网络的互联互通互操作,不仅在军事通信大有用武之地,在民用系统中完全也能够起到其应有的作用。

#### 1.2.2.5 GW 海上数据网络

美国加利福尼亚州 Globe Wireless(GW)公司的海上数据网络,在全球设立多个中继岸站,24h 为全球的海上舰船提供气象、新闻等多种广播服务,提供岸到舰和舰到岸双向的邮件、文件传输等数据通信服务。GW 系统网络结构如图1-9所示,每个岸站划分成三个区域站:发射站、接收站和控制站。

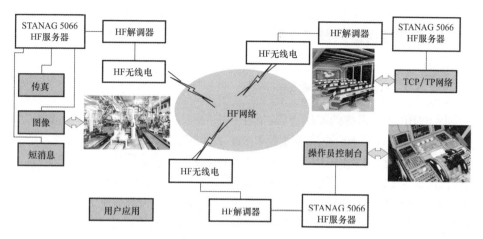

图 1-8 HF MESSENGER 网络结构

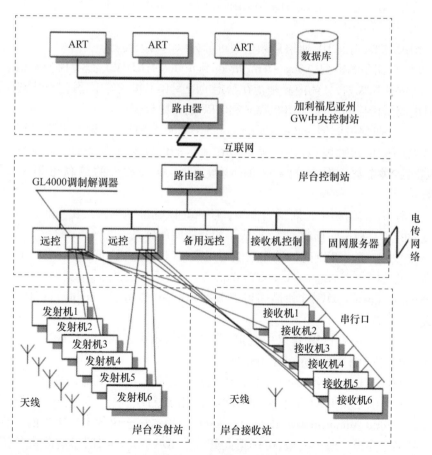

图 1-9 CW 网络结构

### 1.2.3 HF通信选频技术发展

#### 1.2.3.1 HF通信选频模型

纵观HF通信系统的发展历程,贯穿其中的一个技术要点和难点就是HF通信选频问题,这也是HF通信最重要和被广泛讨论且持续数十年的挑战。早期的HF通信系统(第一代HF通信系统)选频,多依靠通信管理部门或根据人员的经验,制定HF通信网络工作。此方法繁琐且带有很大的客观性和局限性,通信质量也受到了较大的影响。随着ALE技术的出现和发展,HF通信选频技术越发显示出其重要意义。在相当长的时间内,HF通信频率的选择是根据长期预测方法来确定的,此类方法形成了ITU-R等建议和标准,并在持续的提升中。此外,由于HF通信信道短时随机变化的复杂性,可用于短时优化的短期预报方法也在同步研究中。

归纳起来,当前HF通信选频模型可分为以下两大类。

(1)长期预测模型(Long-term Prediction Model,LTPM):该类模型常用于通信系统的预先规划,具体内涵是指在给定的时间和工作条件下,预测给定终端间通过电离层传播的LUF、MUF、OWF和HPF的月统计值。

(2)短期预报模型(Short-term Forecast Model,STFM):该类模型常用于通信链路的优化和管理,具体内涵是指在给定的时间和工作条件下,预报给定终端间通过电离层传播的未来1h或数小时,抑或数天的最高可用频率等参数。

针对HF通信频率长期预测模型,ITU-R以标准的形式给出了HF通信可用频率的定义和长期预测方法,形成了相对完整的体系。

(1)ITU-R P.373建议给出最低可用频率(Lowest Usable Frequency,LUF)、最高可用频率(Maximum Usable Frequency,MUF)、最优工作频率(Optimum Working Frequency,OWF)和最高可能频率(Height Probable Frequency,HPF)的定义。

(2)ITU-R P.1239建议中规定了ITU参考电离层,提供了foE、foF1、foF2和M(3000)F2月中值的长期预测方法。

(3)ITU-R P.1240建议给出了LUF、OWF、MUF和HPF的预测方法。

上述方法是在1983年由前CCIR临时工作组首次提出,后经世界无线电管理会议(World Administrative Radio Conference)第二届会议的审议通过的。后该方法被确定为国际通用模型,美国据此开发了IONACP电离层通信分析与预测程序,VOACAP电离层通信增强剖面分析和电路预测程序使用长期预报方法等频率预测的工具。基于此,诸多学者对上述模型或工具在亚洲(中国、巴基斯坦等)、非洲以及南、北极等全球典型地区进行了验证对比,并有针对性地提出改进思路。比如,在中国及邻近区域推荐使用中国参考电离层,利用实测数据重建模型因子等方法,并证实在分析区域有较好的可用性。在国内更为通常的一种经验方法是利用 MUF 预测曲线图完成,根据指定时间、太阳黑子数、通信位置等信息,匹配对应曲线图,实现可用频率的预测。

针对 HF 通信频率短期预报模型,尚无通用的标准模型,急需建立一种行之有效且可为领域认可的方法。

### 1.2.3.2 电离层参数模型

用于 HF 通信选频的电离层特征重要参数包括:E 层临界频率 foE、F1 层临界频率 foF1、F2 层临界频率 foF2 等。这些参数同样广泛应用于卫星通信、导航授时、雷达探测,测向定位和频谱管理等民用和军事领域。上述电离层特征参数可以通过垂直、斜向电离层探测仪直接观测得到。在缺少探测站的情况下,上述参数可通过电离层模型导出,这些模型可为科学家、工程师和教育工作者提供了可用的经验数值。

目前,分析电离层特性最常用的方法是利用参考电离层模型,其中国际参考电离层(International Reference Ionosphere,IRI)模型是众所周知的一个经验模型和推荐的国际标准,该模型提供了宁静期临界频率、高度等电离层特征参数的预测值。

一直以来,国内外专家学者基于观测技术的发展在不断地改进电离层模型。空间研究委员会和国际无线电科学联盟(International Union of Radio Science,URSI)联合工作组通过更新的数据或引入更佳的建模技术不断地改进 IRI 模型。IRI 模型已演变成许多重要版本,包括 IRI-78、IRI-85、IRI-1990、IRI-2000、IRI-2007、IRI-2012、IRI-2016 和 IRI-2020。国内专家基于 IRI 体系提出了适用于亚洲和大洋洲的区域模型及其修正版本,改进了 foF1、foF2 等参数月中值的预测方法。此外,由于还没有物理理论可以完整的模拟电离层参数所有的短期变化,所以电离层参数短期预报的研究一直受到国内外学者的关注。而且,人工神经网络(Artificial Neural Network,ANN)、经验正交函数(Empirical Orthogonal Function,EOF)等方法早年也被引入用于 foF2、传输因子、峰值高度、总电子含量等参数的分析,部分成果实际已纳入 IRI 模型。

上述研究旨在通过开发新模型或使用新数据改进现有模型,用以提升电离层特性参数的分析精度。对于 HF 通信系统,电离层参数是 HF 通信频率选择的基础和关键技术之一。

## 1.2.4　发展趋势和主要挑战

源于远程、无中继、低成本、部署灵活等独特优势，近年来，HF 通信越来越受到人们的关注，并在抢险救灾、全球广播特殊场合发挥着极其重要的作用。在军事通信领域，HF 通信一直是中远距离军事指挥的有效通信手段之一。从 HF 通信发展进程来看，HF 通信经历了硬件无线电、软件无线电（Software Defined Radio，SDR）和认知无线电（Cognitive Radio，CR）过程。目前，全球的研究兴趣主要集中在开发新一代 HF 通信系统，智能化是公认的关键特性；利用人工智能（Artificial Intelligence，AI）的新技术、新方法提高 HF 通信系统对复杂多变环境的适应能力是 HF 通信研究和发展趋势的一个关键特征。未来 HF 通信系统研究方向如图 1-10 所示，围绕智能 HF 智能无线通信，"AI 增强操作"成为了其中一个重要方向。这正是本书研究的出发点。

图 1-10　未来 HF 通信系统研究方向

当前，CR 原理也逐步应用于 HF 通信，目标是更有效地利用极为稀缺的频谱。同时，机器学习、智能计算等 AI 技术的快速发展也逐渐用来解决无线通信中的各种问题。自 2016 年每年一届的"机器学习与智能通信"国际会议，目的在于促进机器学习理论与方法在无线通信领域中的应用。认知无线电与机器学习技术在智能通信系统中典型应用模式如图 1-11 所示，未来的智能无线通信能够自主感知、学习和适应环境、配置工作模式，以最大限度地利用可用资源。其中机器学习和智能计算等 AI 技术在系统自适应方面具有巨大的挖掘潜力。

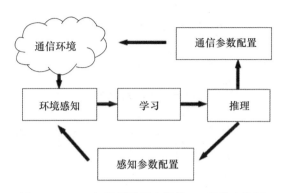

图 1-11　CR 与机器学习在智能 HF 通信中作用

针对 HF 通信信道感知和可用资源预测等方面,近些年已取得部分成果,主要包括以下几点:

(1)基于认知无线电理念,结合实时信道评估技术,尝试并解决了 HF 通信系统中信道利用率低,链路质量差问题;

(2)为实现频率的高效利用,引入机器学习方法,根据通信环境自动调整数据传输策略,有效利用了频谱空洞;

(3)针对具体的信道预测设计了一种异构信息融合深度强化学习算法;

(4)为最大化 HF 无线电系统的通信概率,设计了一个匹配博弈框架,实现了信道共享。

综上,可以看出:AI 技术为 HF 通信技术的发展提供了一个强大的工具,促进了 HF 通信的智能化。同时,不难看出:当前的研究多从日益恶化的 HF 电磁环境出发,研究如何从历史频谱测量数据中推断未来的频谱状态,通过对 HF 电磁环境数据分析,寻找可用的 HF 通信频率。这是可用频率选择的一个重要方面。

除此之外,HF 通信的另一前提是预先全面掌握 HF 通信信道上边界——电离层的变化特性,并据此选出可用频段和优质频率、进而建立可靠的通信连接、提高通信的可靠性和质量。这个方面,通常称为"HF 通信选频"问题。同时,HF 通信选频问题也是近年变得更加严重、更为急需解决的问题,这也需要 AI 技术的辅助与增强,也可简称为"AI 助力"。可以想象,AI 助力的 HF 通信选频和智能 HF 通信技术必将有效提升 HF 通信的可靠性和系统性能。这正是本书研究的出发点。HF 通信选频及系统增效的发展趋势如图 1-12 所示,随着技术的推动,未来 HF 通信及选频将实现四个方面的突破:

(1)对于 HF 通信频率长期预测模型,由全球普适性向区域精细化发展;

(2)形成领域内公认的且实用性更强的 HF 通信频率短期预报模型;

(3)在当时基础上形成增强的 HF 通信选频体系;

(4)推进 HF 通信由低效向高效快速发展。

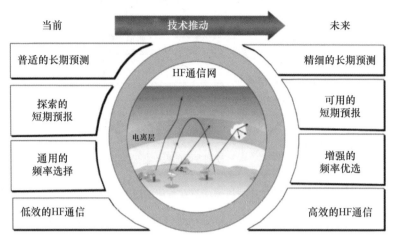

图 1-12　HF 通信选频及系统增效的发展趋势

## 1.3　本书内容及主要贡献

### 1.3.1　技术需求

HF 通信信道是最复杂和最具挑战性的无线信道之一，所以，长期以来如何在时变不稳定的 HF 通信信道中选择出优质的频率和可用的信道，从而实现高速可靠的数据传输是 HF 通信领域中一个热门的研究课题，无论是军事领域，还是政府、商业、救援等民用领域。本书的研究需求体现在如下三个方面。

（1）掌握 HF 通信信道特性实现有效应用电离层环境的需求。HF 通信信道的上边界电离层的随机可变性大，与太阳活动、季节、昼夜以及地点有着强相关性，HF 通信信道几乎在任何时间尺度上都是非平稳的，在如此复杂的信道条件下实现信息传输，必须掌握电离层信道的时变特性，并在此基础上实现电离层特性的预测预报，预先的掌握 HF 通信信道特性，为优质频率的选择提供技术前提和数据基础。

（2）精准的可用频段优选是缩短通信建链时间的强大需求。从数千个候选频率中进行频率选择涉及逐一扫描和探测过程，根源是大多数现有的 HF 通信系统是在所有频率子集约束下进行频率选择，这会导致显著的时间延迟。在有效挖掘历史数据的基础上进行可用频率的预测预报是一种很有前途的方法，这种方法可以预先选择出最优的频率，可以在时延和频率质量之间取得良好的平衡,从而进一步提升 HF 通信系统的可靠性。

(3) 智能预处理选频方式取代自适应后处理选频方式的需求。预先掌握 HF 通信信道的基本特性是实现 HF 智能通信潜力的关键。"智能",最早见于《荀子·正名篇》"所以知之在人者谓之知,知有所合谓之智。所以能之在人者谓之能,能有所合谓之能"。可以看出,"智"指进行认知活动,"能"则指进行活动。现今认为"智能"是知识和智力的总和,前者是智能的基础,后者是指获取和运用知识求解的能力。HF 通信的智能选频指预先掌握 HF 通信信道特性、给出对应的通信策略(可用频率),并适时地实现,用于保障最大通信效能;而非在原有通信信道出现异常后再做适应性、应急性的换频处理,使频率更好地适应通信信道,以换取更好的通信效果。从图 1-10 未来 HF 通信系统研究方向可以明确看出,"AI 增强操作"正是下一代和未来 HF 无线通信的重要方向之一,也是本书研究的出发点,最终目标是 HF 无线通信智能化。

### 1.3.2 主要内容

综上需求分析,确定本书研究方向是面向下一代 HF 通信,利用 AI 技术辅助并增强 HF 无线通信选频能力。本书研究内容及其主要贡献如图 1-13 所示,本书研究充分考虑亚洲地区的战略性以及 HF 通信信道的复杂性,引入机器学习和智能计算两类 AI 方法,通过对 HF 通信信道上边界——电离层特征参数的认知,建立 HF 通信信道特征参数的长期预测和短期预报模型,同时优化 HF 通信频率优选体系和方法,实现可用频率和优质频率的选择,最终目标是推进 HF 选频的智能化、实现 HF 的精细化选频,满足 HF 通信频率长期规划和短期优化的需求,用于提高通信质量、提升通信可靠度、增强 HF 通信效能。

借助机器学习和智能计算两类 AI 方法,本书的具体围绕如下六个方面展开。

(1) 分析了 HF 通信环境的时空复杂性与天波传播特点,回顾了现有的 HF 天波传播预测与通信选频体系及其方法,分析了 ITU-R 建议方法、电离层模型及其主要特点,阐明了 HF 通信智能选频技术发展趋势和主要挑战。

(2) 面向下一代智能 HF 通信系统,在分析当前 HF 通信选频体系的基础上,提出增强 HF 通信选频体系,引入人工智能理论,提出了 AI 技术助力 HF 通信选频技术的方案。

(3) 针对 HF 通信信道上边界——电离层的长期变化规律,利用统计机器学习理论,基于正交时空谐波函数实现亚洲区域电离层核心参数 F2 层临界频率 foF2 的精细化建模,实现其月中值的精细化预测,提高 foF2 预测精度,为 HF 通信频率预测提供技术基础。

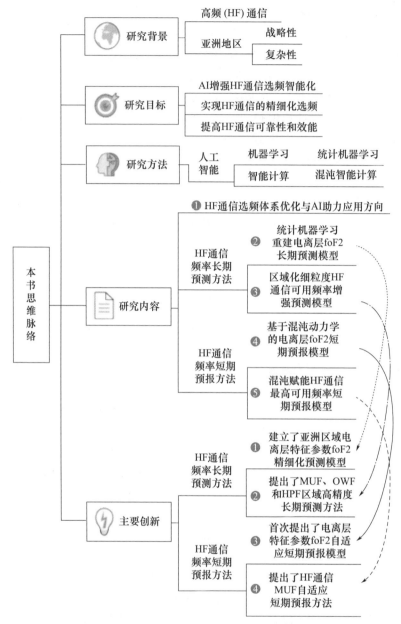

图 1-13　本书研究内容及其主要贡献

(4)基于 HF 通信信道观测数据,利用统计机器学习理论,建立 MUF 传输因子 M(3000)F2 精细化模型,以及 OWF 和 HPF 可用频率转换因子细粒度模型,优化 MUF、OWF 和 HPF 预测方法,用于支撑 HF 通信频率长期规划,提高可用频段和优质频率的预测精度。

(5)针对电离层特征参数的短期变化和不稳定特性,首次引入Volterra级数自适应滤波的混沌动力预测方法,建立电离层核心参数foF2短期预报模型。通过滤波预处理、延迟时间和嵌入维数确定、相空间重构、自适应预报等过程,实现了foF2实时动态预报。

(6)针对HF通信短期优化和管理的需求,利用混沌动力预测方法建立MUF传输因子短期预报模型,引入地磁坐标,改进电离层距离计算方法和曲面样条插值方法,建立MUF自适应短期预报模型,用于支撑HF通信短期优化和管理。

### 1.3.3 重要贡献

本书着重展示了如下四个方面的技术成果。

(1)面向HF通信可用频率长期规划的需求,针对可用频率长期预测中的关键参数——电离层核心特征参数,利用机器学习重建了亚洲区域foF2高精度预测模型。该模型具有三个特点:一是统计机器学习理念被引入了电离层参数模型建立全过程;二是太阳黑子数和10.7cm太阳射电通量联合用于到周年动态变化映射重建中;三是地磁倾角及其修正值共同作为了空间动态特性映射的表征量。对比IRI模型中的URSI和CCIR子模型,预测均方根误差分别降低了0.27MHz和0.23MHz,对应的相对均方根误差分别降低了2.90%和1.85%。上述研究可为HF通信频率长期规划提供更有力的技术基础。

(2)在HF通信可用频率长期预测模型优化方面,建立了亚洲区域细粒度的MUF、OWF和HPF增强预测模型。首先,该模型沿用统计机器学习方法重建了MUF传输因子M(3000)F2的精细化模型;其次,该模型通过细粒化太阳活动参数,并结合电离层经度变化特征、耦合地磁活动参数,建立了OWF和HPF预测模型的转换因子长期预测模型;最后,结合上述成果,确立了HF通信可用频率增强预测模型。从验证链路来看,MUF、OWF和HPF预测结果与实测结果吻合较好,新建模型较ITU模型在性能上有较大提升,预测均方根误差分别降低了1.18MHz、1.64MHz和1.06MHz,对应的相对均方根误差分别降低了10.89%、15.47%和9.10%。上述研究可更加有效地支撑HF通信频率的长期规划。

(3)面向HF通信可用频率短期优化的需求,针对其关键参数——电离层核心特征参数,首次引入Volterra级数自适应滤波的混沌动力学方法建立了foF2短期预报模型。通过滤波预处理、延迟时间和嵌入维数确定、相空间重构、自适应预报等过程,实现了foF2小时级预报。该方法能够在27天训练数据的情况下取得良好预测结果,对比IRI模型中的URSI和CCIR子模型,所建模型的预测均方根误差分别下降了1.66MHz和1.59MHz,对应的相对均方根误差分别下降了31.38%和29.97%。上述研究可为HF通信频率短期优化提供技术基础。

(4)在 HF 通信可用频率短期预报方面,提出基于混沌动力预测理论的 MUF 自适应短期预报模型。该模型利用 Volterra 级数自适应滤波的混沌预测方法建立了 MUF 传输因子 M(3000)F2 短期预报模型,首次提出了基于地磁坐标的 HF 通信可用频率预报核心特征参数的空间插值方法,确立了基于混沌理论的 MUF 短期预报方法。对比 ITU – R 长期预测模型,所建模型的均方根误差下降了 1.87MHz,对应的相对均方根误差下降了 12.63%。上述研究可为 HF 通信频率短期优化提供有力的技术支撑。

# 第 2 章

# HF 通信环境的时空复杂性与天波传播特点

电离层是各向异性、有耗、色散、有源、非均匀的时变媒质,由于电离层存在的随机变化,影响着 HF 天波的传播,因此,HF 天波传播具有不稳定的特点;也正是由于电离层的随机变化,引起了 HF 通信信号持续出现随机变化现象。同时,由于无线电噪声存在及其对 HF 通信的影响,也会带来 HF 通信接收质量的下降。本章首先阐述了影响 HF 通信的电离层的环境和无线电噪声时空变化特性以及 HF 通信环境的复杂性,并在此基础上分析了 HF 天波传播的特点,旨在说明 HF 通信选频的必要性。

## 2.1 电离层环境

由于太阳耀斑等电离源的突变、非平衡动力学过程、不稳定的磁流动力学过程,以及地面核试验、高空核试验、大功率 HF 雷达加热等自然和人为的因素都会引起电离层的突然扰动,且这些影响电离层的因素都不具有确定的严格的规律,所以电离层信道具有色散和时变特性。而 HF 天波通信主要依靠电离层的反射来实现信息的传递的,这些有规律的或随机的、突变式的变化都将严重地影响 HF 通信甚至中断通信。本节从电离层结构、成因以及变化特性分析其对于 HF 无线电波传播的影响。

### 2.1.1 电离层概念

电离层是指地球大气中的那一部分电离的大气,其中的自由电子数量足以影响其中的电波传播。电离层是近地空间环境的一个重要组成部分,处于离地面以上 $60 \sim 1000 \mathrm{km}$ 之间的高层大气的电离部分,是由电子、离子和中性粒子构成的电中性等离子体区域。电离层的形成是太阳辐射与地球上层大气原子和分子相互作用而使大气电离的结果,电离作用使带负电荷的电子脱离中性原子和分子形成带正电的离子和自由电子,电离层正是由于这些离子才得名,这些电离气体称为等离子体,它们在 HF 无线电波传播中起着至关重要的作用。

日地空间与电离层如图 2-1 所示,电离层形成及其变化受太阳电磁辐射、微粒辐射、磁场扰动、地磁场变化及高层大气运动等多种因素的综合控制,使得电离层成为了一个具有复杂结构特性与变化过程的空间层区域。其中影响最为严重的包括太阳活动和地磁活动。太阳活动不仅对不同高度、不同成分的空气分子电离造成电离层不同的分层,还会使电离层随着太阳活动的周期变化而出现不同尺度的周期变化,如日变化、季节变化、年周期变化等;同时,太阳活动和地磁活动还会引起电离层的扰动。如太阳的爆发会导致达到逃逸速度的高速等离子体云从太阳日冕中抛射出来,即产生日冕物质抛射(Coronal Mass Ejection, CME),高速等离子体云到达地球附近后,会与地球磁场相互作用,并通过磁场压缩、重联等机制,将巨大的能量倾泻到磁尾的大尺度空间中,引发最具代表性的全球空间环境扰动事件——地磁暴,其典型现象是行星际磁场(Interplanetary Magnetic Field, IMF)南向分量会突然南向并北转;地磁暴是地磁活动中的异常现象,在此期间的高能粒子沉降和焦耳加热等过程使低层大气受热膨胀,引起高层大气密度增加,而高层大气密度、成分和风场的变化会引起电离层暴。

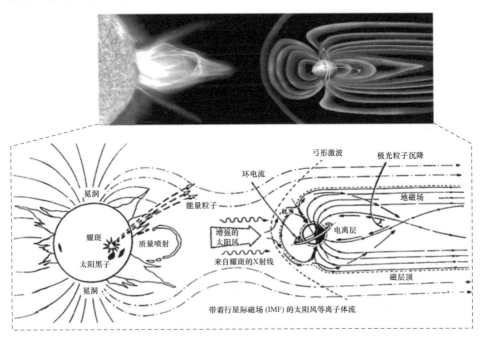

图 2-1 日地空间与电离层

## 2.1.2 电离层结构

电离层可分为 D 层、E 层、F1 层和 F2 层,其结构如图 2-2 所示,电离层区域是根据电子浓度高度剖面划分的,各层之间是缓慢变化平稳过渡的。D 层和 F1 层仅在白天存在,它们是主要是受太阳影响的。E 层和 F2 层除了在白天存在外也出现在夜间,但夜间其电子浓度会有所降低。F2 层除受太阳影响外,还受其他一些因素的影响,如太阳风和地球磁场等;夜间 F2 层存在高度在 200km 以上。源于 F2 层在一天 24h 都存在且高度最高,因此,F2 层可允许的跳距最长、可通的频率最高。可以说,F2 层对 HF 通信是至关重要。

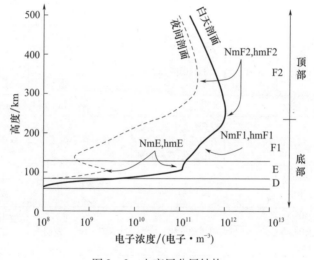

图 2-2 电离层分层结构

在此,值得注意的是,即使在 F2 层电子浓度最大处也仅有 1% 的空气粒子被电离。电离层的中性分子浓度很低,离子和电子的浓度要比中性分子又低几个数量级。

## 2.1.3 电离层成因

电离层的形成是太阳辐射与地球上层大气原子和分子相互作用而使大气电离的结果,在中低纬度电离能量主要是太阳电磁辐射,即紫外线和 X 射线;在极区起重要作用的还有太阳能力粒子(质子和电子)。太阳辐射不仅对不同高度、不同成分的空气分子电离造成电离层不同的分层,如表 2-1 所列,每一电离层区域都有着不同的化学和物埋特性。极短紫外辐射(Extreme Ultraviolet Radiation, EUV)和 X 射线两种太阳辐射是导致电离层电离的主要辐射源。EUV 是非常重要的电离辐射源,产生于太阳色球层,包含太阳黑子群的热光斑区。一般情况下,源自太阳的 EUV 接近恒定,但它随太阳黑子数量的变化,同时也会发生月变化和年变化。EUV 辐射在 100～400km 的高度范围内被氧原子(O)、氧分子($O_2$)、氮原子(N)和氮分子($N_2$)吸收,它是产生 E 层、F1 层和 F2 层电离的主要原因。X 射线由太阳辐射,随大规模太阳耀斑迅速增长且不规则。X 射线主要电离 D 层和 E 层底部的大气。太阳的紫外线辐射比 EUV 辐射波长更长,但它并不引起电离,在约 40km 高度被臭氧($O_3$)吸收。

表 2-1 电离层分层特性

| 名称 | C 层 | D 层 | E 层 | F 层 | |
|---|---|---|---|---|---|
| | | | | F1 层 | F2 层 |
| 高度/km | 50～70 | 70～90 | 90～130 | 130～210 | >130 |
| 电子浓度/(电子·$m^{-3}$) | <$10^8$ | <$10^9$ | $3×10^8$～$10^{11}$ | $5×10^{10}$～$10^{12}$ | |
| 主要电离源 | 宇宙射线 | X 射线 | | EUV(14～80mm) | |
| 昼夜变化 | 仅存在于白天 | 电子浓度中午最大,有明显太阳天顶角变化特性;夜间很弱 | | 仅存在于白天 | 电子浓度中午最大 |
| 季节变化 | 冬季较经常出现 | 夏季最强 | | 夏季较明显 | 冬季中午电子浓度高出夏季 20% |
| 太阳活动周期变化 | 出现率与太阳活动反相 | 与太阳活动同相 | | 太阳活动低年较明显 | 太阳活动周期间,电子浓度变化可达 10 倍 |
| 纬度变化 | 中纬经常出现 | 磁暴恢复期、亚极光带和中纬电子浓度增加 | 极光带夜间电离源为磁层粒子 | | 磁赤道两侧 20°～30°内电子浓度呈驼峰状 |
| 非规则变化 | | 冬季异常 | 突发 E 层,在赤道、中纬和高纬特性明显不同 | | 扩展 F 层 |

太阳 EUV 辐射被原子和分子吸收的同时也电离了它们。随着太阳辐射穿透更深层的地球大气,其强度逐渐减弱。电子产生的速度与 EUV 强度和大气密度成正比。在大气层的上部,虽然 EUV 强度很大,但大气密度很小,因此产生的离子和电子很少。在 E 层底部大气密度很大,但 EUV 强度很小,产生的离子和电子也很少。介于这两者之间的某些区域,离子和电子的产生速度达到最大,由此形成了最大电子浓度,于是某一电离层就产生了。

出现各不相同四层的原因是大气层的化学组成随着高度的变化,和不同高度上电子、离子不同的搬移方式有关,主要包括三个过程(电离层演化过程如图2-3所示)。

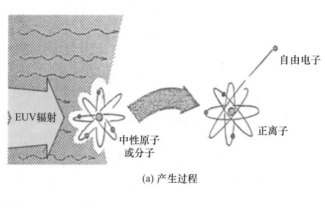

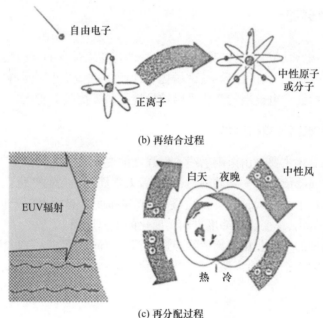

图2-3 电离层演化过程

(1)产生过程。来自太阳 EUV 辐射的光子(光粒子)与中性原子和中性分子相互碰撞,产生电子和带正电的离子。这一过程就是众所周知的光化电离作用。在 F2 层,主要的电离元素是氧原子,形成 $O^+$。在 F1 层和 E 层主要的电离元素是氧分子和一氧化氮,形成 $O_2^+$ 和 $NO^+$,如图2-3(a)所示。

(2)再结合过程。当电子和离子碰撞时,它们有时也会再结合。带负电荷的电子被带正电荷的离子吸引,结果产生(或还原为)中性的原子或分子。电子与分子离子的再结合比电子与原子离子的再结合更有效。由于 F2 层主要由原子离子($O^+$)组成,再结合过程相对于主要由分子离子($O_2^+$ 和 $NO^+$)组成的 F1 层和 E 层进行得缓慢。这是 F2 层在夜间依然存在的原因之一,而 F1 层和 E 层的离子和电子早已在再结合的过程中消失殆尽,如图 2-3(b)所示。

(3)再分配过程。另一个使整个夜间 F2 层一直存在的原因是中性气体中的大气层风。白天,低纬度的上层大气被太阳加热,约 300km 高的大气层风吹向高纬度(例如极区)。中性气体的风沿水平方向吹,但离子和电子由于地球磁场的原因不能越过磁力线。然而,白天离子和电子趋向于沿磁力线吹往更低高度,在那里它们在再结合的过程中被消耗。夜间,低纬度的上层大气变冷,大气层风吹向赤道。离子和电子沿磁力线向上吹,在那里再结合发生的很慢。因此,F2 层在夜间一直存在。如图 2-3(c)所示。

## 2.1.4 电离层变化

如前所述,电离层是一个具有复杂结构特性与变化过程的空间层区域,电离层变化受太阳电磁辐射、微粒辐射、磁场扰动、地磁场变化等因素影响,使其表现出复杂的变化特征。电离层的变化可归纳为规则和突扰两类变化。

### 2.1.4.1 电离层规则变化

电离层的变化主要是由电离射线入射强度的变化引起的。作用于电离层的电离射线入射强度依赖于太阳的辐射,它随着太阳周期活动的变化而变化,入射强度同时也依赖于太阳天顶角。由白昼、季节和纬度引起的太阳天顶角变化是造成电离层日变化、季变化和纬度方向上变化的主要原因。

电离层高度的变化是由电离射线穿透的深度不同和上部大气层化学成分变化的引起的。归纳来说,电离层主要规则变化包括:随周年变化、昼夜变化、季节变化、纬度变化等。

1)周年变化

太阳并非是一个稳定和宁静的星球,而是以一定周期活动的光球,周期约为 11 年。太阳活动的变化特性通常选择太阳活动指数来表征,如太阳黑子数($R$)和太阳 10.7cm 射电辐射通量($F10.7$)指数数据用于表征太阳活动变化。电离层的主要离化源来自于太阳辐射中的 EUV 与 X 射线辐射,两种辐射源的变化会引起电离层参数的波动变化,进而会影响或干扰无线电波在电离层中的传播。

电离层参数多受太阳 EUV 与 X 射线辐射变化的影响,尤其 EUV 是研究太阳辐射时变特性及太阳-电离层效应的最佳参数。因此,电离层参数同太阳活动参数一样存在着明显的 11 周年周期性变化,电离层参数随太阳黑子周期变化如图 2-4 所示,Dake 站点 1971—1996 年三个太阳活动周期的 foF2 与 R 周年变化存在严格的相似性。

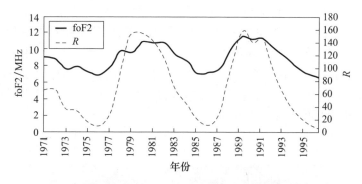

图 2-4 电离层参数随太阳黑子周期变化

2) 日季变化

电离层参数同时存在着明显的昼夜变化。电离层临界频率的昼夜变化如图 2-5 所示,1986 年 12 月 Canberra 电离层临界频率的昼夜变化。日出时,电离 EUV 射线产生电子的速度快于再结合失去电子的速度,进而使电离层临界频率增加;正午时,太阳天顶角最大,使得电子产生的速度最大,电离层具有最大临界频率;午后时分,电子产生速度下降,被电子再结合过程所取代,使得电离层临界频率下降。由于 F2 层再结合过程较慢,一般不超过电子产生速度,会一直持续到下午后半段,所以,通常在当地 14:00 左右 F2 层临界频率会达到最大;日落后,电子再结合过程消失,由于电子再结合速度较低和上部大气层风对电子再分配的作用,整个晚上 F2 层都会存在,拂晓前 F2 层临界频率达到最低。

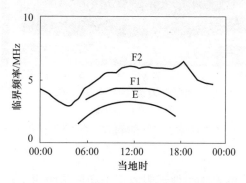

图 2-5 电离层临界频率的昼夜变化

地球围绕太阳公转形成了地球上一年的春、夏、秋、冬四季,主要原因是不同季节地球与太阳位置间不同的夹角,即太阳天顶角。由于电离层的离化源来自于太阳活动,故电离层的变化也具有明显的季节特性,这也是电离层变化的一个重要特征。电离层峰值高度的日季变化如图2-6所示,2000年Chongqing站的foF2不仅存在昼夜变化,同样存在着明显的季节变化:昼日变化呈现单峰结构,峰值出现在正午(14:00 LT)附近,季节变化呈现双峰结构,峰值出现在3月和10月。

季节变化中一种特殊现象称为"冬季异常",该现象是指夏季由于阳光直射地球中纬度地区,使得该区域的F2层在白天电离度加高,但是由于季节性气流的影响致使夏季这里的分子对单原子的比例也增高,进而造成离子捕获率的增高。由于这个捕获率的增高甚至强于电离度的增高,造成夏季F2层反而比冬季低,即出现电离层的冬季异常现象。

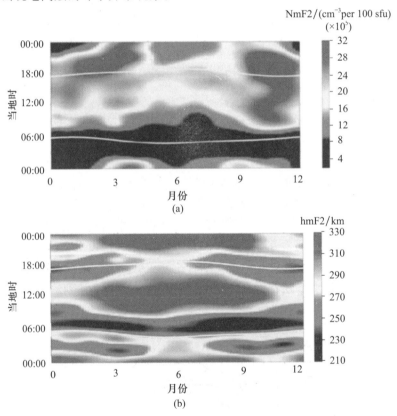

图2-6 电离层电子密度和峰值高度的日季变化(见彩图)

3)纬度变化

如图2-7所示的是处于地球阳面正午和地球阴面午夜从赤道到极点沿子午线E、F1、F2层临界频率的变化。纬度越高,投射到大气层的太阳射线越倾斜,因而射线强度随纬度增加而减弱,使得电子密度减少。故此,通常可区分为以下三个纬度区域。

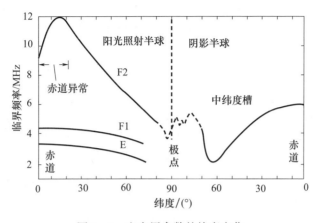

图2-7 电离层参数的纬度变化

(1)高纬度区域。通常指纬度高于50°的区域,该区域电离层通常受到高能极光粒子沉降、太阳风及外部空间粒子到达地球磁场相互作用产生的强电场的影响,高纬度区可细分为极冠区、极光椭圆及亚极光区或中纬度F区槽。极冠区是指地磁纬度大于64°的地球极盖地区。在冬季,这个区域大部分时间在连续的黑暗中,电离层的电子浓度主要靠太阳风驱动对流,地磁活跃时太阳风使太阳产生的等离子体转移;地磁平静时太阳风使能量较小的粒子沉降而产生等离子体。极光椭圆是指可见极光经常环绕在磁极的带状区,也是粒子沉降和电涌流的活跃区。它的电离层的特征是极光E层,即沿极光椭圆的E区电离带。在夜间,极光椭圆朝赤道方向5°~10°内区域称为亚极光区,该区F层电子浓度显著下降而电子温度显著增加,有尖锐边界、明显的水平梯度,这种窄纬度现象称为"中纬度槽",槽位置可能有大的南北半球和经度变化,也有可能在该区发生高充电。这也属电离层正常结构。

(2)中纬度区域。通常指±25°~50°的区域,该区域电离层是最具"典型"意义的电离层。F2区日间电子浓度达到最大,而夜间降低10倍。夜间F区电子浓度主要靠大气风方式和1000km高度以上区域带电$H^+$离子占主体的等离子体沉降来维持。日间F层峰值高度通常低于夜间。中纬度电离层的E层、F1层和F2层,临界频率等参数与采用太阳黑子数量度的太阳活动呈线性关系。

(3)低纬度区域。通常指0°~25°的区域。地磁赤道附近的电子浓度较邻近地磁纬度低,而地磁纬度±10°~30°区域在午后和傍晚有两个明显极大值;这是由于阳光的加热和潮汐作用致使电离层下层的等离子上移,穿越地球磁场线,在地球磁赤道左右约±20°之间的F2层形成一个电离度较高区域的现象;这种现象称为"赤道异常",又称为"双驼峰现象",但属于低纬电离层正常结构。"赤道异常"产生的机制是电子"喷泉效应"在与地磁赤道平行的两个带(±10°~

25°)上导致的电子浓度增大而赤道的电子浓度低。F层在地磁赤道附近的厚度比其他地方都厚很多。赤道异常和中纬度槽都源于电子、离子和电场、磁场相互作用的复杂过程。

### 2.1.4.2 电离层突扰变化

太阳活动与地磁活动不但可引起电离层的规律变化,同时还会引起电离层的扰动。例如,太阳活跃时期强烈的耀斑发生时,其硬X射线会射击到地球,且这些射线可以一直穿透到D层,在这里迅速产生大量的自由电子,而这些自由电子能够吸收HF(3~30MHz)电波且会反射极低频(3~30kHz)电波,导致无线电信号不连续甚至中断;太阳活跃时的耀斑同时也释放高能质子,这些质子在耀斑爆发后15min~2h内到达地球,然后沿地球磁场线螺旋在磁极附近撞击地球大气层,提高D层和E层的电离。

1)突发E层

对HF通信起重要作用的电离层另外一部分被称为"突发E层",即E区的突发不均匀结构,称为Es层,它的厚度为100m~2km,水平尺度为200m~100km,有时候Es层可能在更大范围内连续;该层能反射的最大频率比E层大,有时比任何层都要大。一般地说Es层是一个薄层,出现时间不确定。有时Es层会呈现不透明状而遮住更高的一层,这意味着这时Es层很密致,很厚实;有时Es层会呈现半透明状,上层的回波可通过它返回,这意味着这时的Es层好像一个"栅网"。Es层高度一般在90~120km区域,其形成原因有两种学说:一是由于流星产生的电离,二是由于大气切变风所致。

统计结果表明,赤道地区Es白天常存在,且没有多大的季节变化;极区则是Es夜间较多出现,季节变化不太明显;中纬地区Es临界频率比较低,有明显季节变化,一般夏天长于冬天,白天长于夜间。但应注意,中国是Es高发区,太阳活动低年夏天中国常有Es层而且临界频率较高。Es层反射的无线电信号通常很强,但如果反射层是碎片状的,可能会因信号衰落而对通信造成麻烦。

2)扩展F层

扩展F层是F区的突发不均匀结构。该层经常在极光椭圆区和地磁赤道区的夜间存在,扩展F层的尺度为100~400km,它与在地磁赤道上水平延伸的而在高纬度上垂直延伸的小尺度不均匀体的存在有相关联系。类似的不均匀体在中纬度上出现概率大为减小。

扩展F层回波在频高图上描迹显示为临界频率漫散或水平描迹漫散。由于电离层不均匀体对信号的散射,使从F层反射的回波脉冲比发射脉冲展宽可达10倍。扩展F层的扩散特性(按延迟"模糊")使由电离层F区域反射回的和穿过电离层的无线电信号发生严重衰落。

3) 地磁暴

地磁暴是地磁活动中的异常现象，是地球磁场方向和强度的相对较大波动。其形成原因是太阳的爆发会导致达到逃逸速度的高速等离子体云从太阳日冕中抛射出来，即产生日冕物质抛射(Coronal Mass Ejection, CME)；高速等离子体云到达地球附近后，会与地球磁场相互作用，并通过磁场压缩、重联等机制，将巨大的能量倾泻到磁尾的大尺度空间中，引发最具代表性的全球空间环境扰动事件，其典型的参考现象是行星际磁场(Interplanetary Magnetic Field, IMF)南向分量会突然南向并北转。地磁暴期间 F2 层非常不稳定，从而导致电离层 F2 特征参数（如 foF2）会出现比较明显的突然增高或降低。地磁暴波动的幅度仅占磁场总强度的较小百分比。通常划分为以下两种类型。

(1) 突发性磁暴。是指稳定的地球磁场强度发生骤然上升或者"突然开始"，紧跟着伴随较大尺度波动的磁场强度全面快速下降，也称为急始磁暴(SC)。SC 是由太阳耀斑或者消失的细丝产生的激(震)波到达地球所导致的。SC 磁暴常持续 1~3 天。

(2) 缓发性磁暴。该类磁暴表现为缓慢连续发作的过程，地球磁场强度变得更富易变性。通常由源自日冕洞的高速流造成的，也可能由耀斑或太阳细丝导致。缓发性磁暴一般持续几天至一周。

4) 电离层暴

太阳耀斑爆发时的带电高能粒子 20~60h 后到达地球，高能粒子沉降和焦耳加热等过程使低层大气受热膨胀，引起高层大气密度增加，而高层大气密度、成分和风场的变化会引起地球磁暴、极光、电离层骚扰（或称电离层暴）。

电离层扰动持续的时间较长，可达一天到几天。电离层暴可导致电离层偏离它的正常状态，有时电离层电子浓度下降可达 30% 以上，最高可用频率下降，可用频段变窄，有时可使 HF 通信信道完全中断。

在高纬度的夏天，电离层暴的影响通常最明显；电离层暴能造成电离层的变化程度依赖于所涉及地点的当地时间、季节和纬度。夜间电离层变化的相对程度最大，但实际变化值要比白天小。目前，已可对其发生时间、影响等级和过程进行预估和监测。

5) 电离层行波式扰动

电离层行波式扰动(Traveling Ionospheric Disturbance, TID)是 F 区一种类似波浪运动的大尺度不均匀结构，它与太阳物理及地磁强度的数据无相关性，而与上层大气内的声重力波运动有关。

通常，可将电离层行波式扰动分为以下两种类型。

(1) 大尺度电离层行波式扰动。该扰动是指具有较长周期(30min 以上)的波动，其表现特征为水平波长为上千千米，水平相位速度在 400~700m/s，F 层电子浓度偏离正常值20%～30%。多在高、中纬度可被观察到,且从高纬度区域向赤道方向移动。它们可能与极光和地磁强度急变激发的向赤道方向以400～700m/s速度水平传播的极区电激流重力波扰动有关。

(2)小尺度电离层行波式扰动。该扰动是指具有周期较短(10～30min)、水平尺度规模较小(100～200km)和移动速度约200m/s的波动。这种电离层扰动可能是由于雷雨型和强对流的气象现象激发大气声重力波向上传播到电离层引起的。

电离层行波式扰动使电子浓度等值面作波状运动,从而导致无线电信号传播轨迹发生相应变化,并获得附加的多普勒分量。此外,受电离层行波式扰动制约的无线电信号传播的多径干涉效应可能使接收信号严重衰落。

6)突然电离层骚扰

太阳耀斑爆发时的X射线8min到达地球,地球日照面电离层D层的电子浓度突然激增,碰撞激增,电波被强烈吸收,致使HF雷达传输信道会突然中断几分钟至几小时。由于这种电离层扰动发生非常突然,故称突然电离层骚扰(Sudden Ionospheric Disturbance,SID)。电离层骚扰效应可分为如下几个类型。

(1)突然信号消逝:地球日照面电离层D层强烈地吸收HF电波,致使HF信道中断,于是发生突然HF信号消逝。

(2)突然相位异常:经电离层反射的低频和甚低频信号相位发生突然变化。

(3)突然频率偏移:电子浓度激增,致使HF通过D层时频率突然偏移。

(4)突然宇宙噪声吸收:接收高于F层临界频率的宇宙噪声时,发生强度突然减弱。

(5)突然闪电增/减:观测由远处闪电产生的天电时,发现其强度为突然增强或减弱的明显变化。

(6)总电子含量突增:D层电子浓度突然激增,致使总电子含量突增。突然电离层骚扰现象目前还不可能预测,但可以对其发生过程进行监测。在发生SID时,HF用户不能工作,必须等待SID过程消失。

7)极盖吸收与极光吸收

太阳耀斑爆发时的带电(5～20MeV)高能质子几十分钟至几十小时后,沿磁力线到达地球极区并发生极盖吸收和极光吸收。

极盖吸收发生在地磁纬度大于64°的地区,出现率相对较小,这种吸收是由于D区大气电离所产生的,它的发生通常不连续,有时事件之间也相互重叠。这种吸收总是与离散的太阳事件相关联,它持续的时间较长,通常为3天,但有时可短到1天,最长可为10天。极盖吸收通常在太阳活动峰值年份发生,一年发生10～12次。极盖吸收的明显特征是,在给定的电子产生率情况下,处于黑夜的几个小时吸收下降很大,它与极光吸收有明显差异。

极光吸收是局域性的,常常发生在极光带(宽6°~15°)内,高能质子使其低电离层电子浓度激增,电波被强烈吸收,它出现最频繁的年份是在太阳极大年之后的2或3年。

8) 电离层闪烁

电离层闪烁是指无线电波穿过电离层电子密度不均匀体产生的幅度、相位、极化和到达角的变化。电离层闪烁表现为信号电平的快速起伏,信号的峰峰起伏可达1~10dB,起伏可持续几分钟甚至几小时。电离层闪烁在10MHz~12GHz的频率上都能观测到。

## 2.2 无线电噪声

### 2.2.1 无线电噪声源

影响HF通信系统的无线电噪声的来源并不是单一的,而是一系列对通信系统有影响的电磁辐射的集合。这些无线电噪声在空间域上平坦分布,在接收系统中频域叠加。无线电噪声是在不同地方产生的,大量自然现象及人为因素共同作用的结果,影响HF频段的无线电噪声源主要包括:

(1) 雷电放电引起的辐射,即雷电引起的大气噪声,主要频率范围9kHz~30MHz;

(2) 来自宇宙射电源的辐射,主要频率范围4kHz~100MHz;

(3) 来自各类用电机械、电气与电子设备、电力传输线或来自外燃引擎点火的无意辐射的总和,即人为噪声,主要频率范围9kHz~1GHz;

上述所述噪声源,无论是人类难以改变或抗拒的自然环境引起的无线电噪声,还是人为噪声,都是HF通信频率选择要考虑的一个重要因素。在HF通信可用频率预测预报的基础上,必须结合无线电噪声进行融合分析,方可最终确定出最佳的可用频率或频段。

#### 2.2.1.1 雷电辐射

雷电是雷暴天气中发生的一种长距离瞬时放电现象。自然界中1/3左右的雷电会击中地球,称为地闪。地闪放电过程产生大峰值电流、高峰值功率、灼热高温、强电磁辐射和冲击波等物理效应,会对通信产生破坏作用。雷电放电辐射是大气噪声最主要的一部分,具有很宽的频谱。大量不同地方的雷电、暴雨、大学及沙暴等自然现象产生的静电放电的总结果将生成噪声,主要频率范围9kHz~

30MHz。据已有的全球年雷暴日观测资料,在任一时刻全球约有 1800 个雷暴发生,按照每个雷暴平均持续 1h,能产生 200 个雷电来估算,全球每秒钟平均有 100 个雷电发生。雷电存在着典型的时、空分布特点:

(1)热带较多,南北极很少,印度尼西亚、中南美洲和赤道非洲为三大雷电活动中心;

(2)雷电具有较明显的季节和昼夜变化,一般夏季多、冬季少、夜间强、白天弱;

(3)陆地上雷暴活动多出现在白天,集中期在午后到傍晚之间,最厉害的陆地雷暴是夏季本地时间的 13~15h;

(4)海上雷暴易在夜间出现,特别是在冬季的晚上和早晨时间,雷暴时间通常持续 1~2h;

(5)陆地上雷暴活动多于洋面上的雷暴活动;

(6)越靠近赤道雷暴活动越频繁。

我国幅员辽阔、地跨东亚高雷暴区,雷暴地理分布特征明显:云南南部、两广及海南省,纬度低,雷暴活动特别频繁,是我国雷暴活动最剧烈的地区;青藏高原,由于地理位置特殊,雷暴天气也十分频繁,是我国雷暴的次多中心;纬度较高的内蒙古和东北地区,由于锋面和气旋活动较频繁,雷暴活动比华北平原要多。

### 2.2.1.2 宇宙辐射

宇宙噪声是指宇宙空间各种射电源的辐射传播到地球表面所形成的噪声,主要指宇宙空间中的恒星形体产生的辐射穿透电离层到达地球,产生的导致噪声。这种宇宙辐射产生的噪声在设点天文学中一直存在,主要频率范围 4kHz~100MHz。这些射电源包括辐射电磁波的太阳、月球、行星等天体和星际物质。银河系中较强的辐射源位于天鹅座、仙女座、金牛座、人马座、半人马座等星座。对于 HF 频段,太阳辐射的影响可以忽略。

### 2.2.1.3 人为辐射

人为辐射主要是指工业、电气、电器设备和设施的辐射干扰。这些干扰电平随频率、地区不同而异。人为无线电噪声进入接收系统可能经由三种渠道:直接辐射、导线传导以及沿导线传输后再辐射。工业、电气、电器直接辐射的噪声,由于不具有良好的辐射条件(如无天线),同时沿地面传播衰减很大,一般传播不远。而导线传导主要是噪声源经由电源线传导到接收系统,如果没有滤波装置会传播较远。沿导线传输后的辐射是指噪声源产生的噪声经传导或感应进入各种架空线路(含各种电力线和通信线路)或没有良好接地的金属结构,由架空线路和金属结构传输并作为辐射体再辐射到空间,这种传导途径是一种最常见且最严重的人为无线电噪声传播方式。

### 2.2.2 无线电噪声的时空特征

#### 2.2.2.1 大气噪声

国际电信联盟等组织在世界各国支持下建立全球观测网,对大气噪声进行观测研究。ITU – R P.372 建议给出了一套(共 24 组)大气噪声全球分布图。这套图是利用统一的标准仪器,参考天线为理想导电地面上的短垂直单极子,在全球建立的 27 个站测量的大气噪声数据基础上,考虑长期气象、气候及雷电活动规律,得到了全球大气噪声系数的等值线分布图。通过上述图形可以得到任一季节,本地时间 6 个时段(每 4h 为一段)内的大气噪声系数的中值。如图 2 – 8 春季当地时 0:00 ~ 04:00 时段 1MHz 高于 $kT_0b$ 的大气噪声系数中值和图 2 – 9 秋季当地时 0:00 ~ 04:00 时段 1MHz 高于 $kT_0b$ 的大气噪声系数中值所示,分别给出春季当地时 0:00 ~ 04:00 时段和秋季当地时 12:00 ~ 16:00 时段,频率为 1MHz 高于 $kT_0b$ 的背景大气无线电噪声系数中值的世界分布图。

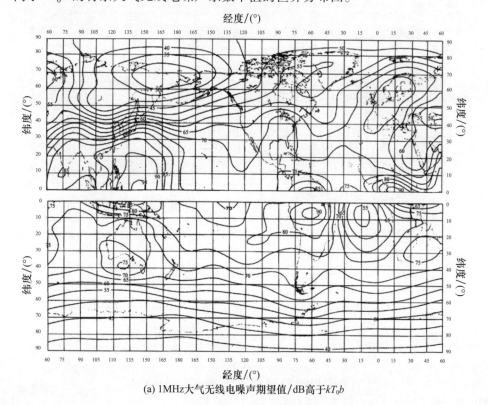

(a) 1MHz大气无线电噪声期望值/dB高于$kT_0b$

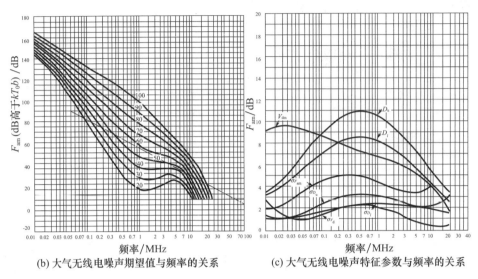

(b) 大气无线电噪声期望值与频率的关系　　(c) 大气无线电噪声特征参数与频率的关系

图 2-8　春季当地时 0:00~04:00 时段 1MHz 高于 $kT_0b$ 的大气噪声系数中值

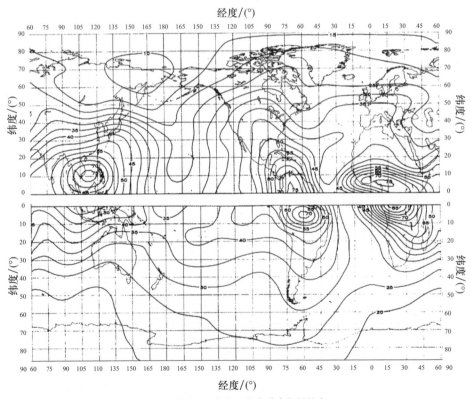

(a) 1MHz 高于 $kT_0b$ 大气无线电噪声期望值/dB

## 第 2 章　HF 通信环境的时空复杂性与天波传播特点

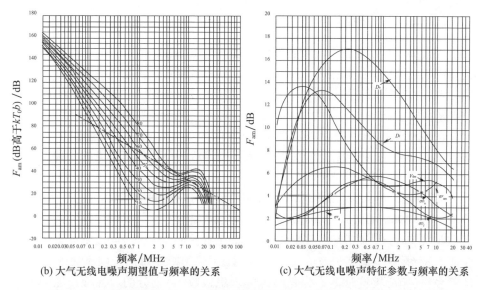

(b) 大气无线电噪声期望值与频率的关系　　(c) 大气无线电噪声特征参数与频率的关系

图 2-9　秋季当地时 0:00～04:00 时段 1MHz 高于 $kT_0b$ 的大气噪声系数中值

### 2.2.2.2　宇宙噪声

宇宙噪声通常是地球以外噪声源产生的噪声,也指宇宙空间各种射电源的辐射到达地面所形成的噪声,这些射电源包括辐射电磁波的太阳、月球、行星等天体和星云等星际物质,它在很宽的频带上都有强辐射。作为一般规定,低于 2GHz 频率的无线电设备必须考虑太阳和银河系星云的无线电辐射。

宇宙噪声通常考虑两类噪声。

(1) 银河系噪声。因为宇宙噪声温度仅为 2.7K,而银河系星云表现为稍有一点亮度增强的窄区域,所以频率在 2GHz 以上时,仅需要考虑太阳和极少数非常强的非热源,如仙后座 A、天鹅座 A 和 X、金牛座、人马座、半人马座和蟹星云等。忽略电离层遮挡效应,对于 30～100MHz 的银河系噪声系数中值可以由式 (2-1) 给出：

$$F_{am} = 52 - 23\lg(f) \tag{2-1}$$

式中:$f$ 为频率(MHz)。

(2) 天体辐射。太阳是一个具有各种辐射的强噪声源。在 50～200MHz 频率范围,它有大约 $10^6$K 的噪声温度,而宁静时的太阳在 10GHz 频率最小噪声温度为 $10^4$K,太阳爆发时,噪声会大大地增加。月球位于黄道面±5°赤纬范围内,高于 1GHz 时月球的亮温与频率几乎无关;月球亮温随时间是变化的,从新月的 140K 变到满月的 280K。

#### 2.2.2.3 人为噪声

人为噪声是指各种电气装置中电流或电压发生急变而形成的电磁辐射。此类噪声电磁波除直接辐射外,还可以通过电力线传播,并由电力线和接收机天线间的电容性耦合而进入接收机。如电动机、电焊机、高频电气装置等产生的火花放电形成的电磁辐射。人为噪声按频率可分为:低于 400Hz 的低频噪声、介于 400 至 1000Hz 的中频噪声以及高于 1000Hz 的高频噪声。随着近代工业的发展,人为噪声也随着产生并越发严重,人为噪声成为电磁环境污染的一种。这些噪声随频率、地区的不同而存在着明显的差异。

人为噪声是由多种噪声源产生的,因此不同地点和时间其强度有较大差异。CCIR 根据 1966—1971 年间美国 103 个地区的观测实验数据统计预测的。环境区域是按工业区(包括有主要公路、街道的工业区)、居民区(居民密度每公顷不少于 5 户,无繁华街道和繁忙公路)、乡村区(居民密度每两公顷不超过 1 户)、宁静乡村(精心挑选远离人为噪声源的理想接收区)划分的。各种环境的人为无线电噪声功率中值如图 2 – 10 所示。

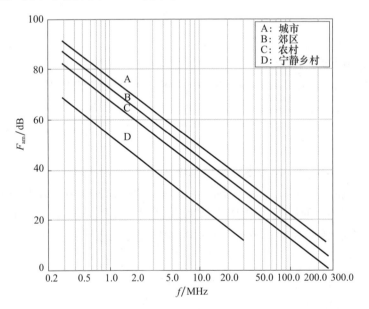

图 2 – 10  短垂直无耗接地单极天线的人为噪声功率中值

上述噪声功率中值 $F_{am}$ 对频率 $f$ 的变化均为对数关系

$$F_{am} = c - d\lg(f) \qquad (2-2)$$

式中:$f$ 为频率(MHz);$c$ 和 $d$ 为不同区域的值,如表 2 – 2 所列。

表2-2 不同区域的常数 $c$ 和 $d$ 之值

| 环境区域 | $c$ | $d$ |
| --- | --- | --- |
| 城市(工业区) | 76.8 | 27.7 |
| 住宅区 | 72.5 | 27.7 |
| 农村 | 67.2 | 27.7 |
| 宁静乡村 | 53.6 | 28.6 |

上述曲线对于所在区域的0.3~30MHz频率范围均有效。

### 2.2.3 无线电噪声的近年变化

#### 2.2.3.1 近年变化特性

ITU-R P.372建议利用20世纪的测量数据对无线电噪声时、空、频特性进行了统计和发布。考虑近年HF通信环境的恶化,本节根据对近20年典型地区无线电噪声观测结果,从时域、频域角度对比了20世纪的统计值。

图2-11和图2-12分别给出典型乡村地区10.4MHz和典型山区22.0MHz噪声系数,从图中可以看出:

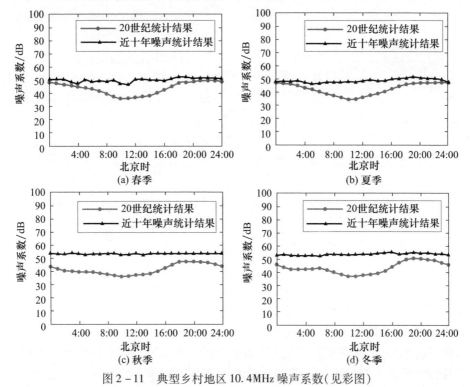

图2-11 典型乡村地区10.4MHz噪声系数(见彩图)

(1) 典型乡村地区近年除春季外,测量时段内噪声系数曲线均较为平整,无突出高点,而 20 世纪统计结果在 18:00 左右达到最高,近年噪声整体有明显的抬升,春季表现尤为突出;

(2) 近年测量时段内噪声系数曲线均较为平整,无突出高点,而 20 世纪统计结果在 18:00 左右达到最高,近年噪声整体有明显的抬升,秋冬两季表现尤为突出;

(3) 近年的 HF 无线电噪声均较 20 世纪结果有了较大幅度的提升,突出体现在 22MHz 频点,近十年噪声系数较 20 世纪统计结果增长了近 10dB,近年白天的噪声相比 20 世纪统计结果有较为明显的抬升,夜间与白天变化趋势不同。

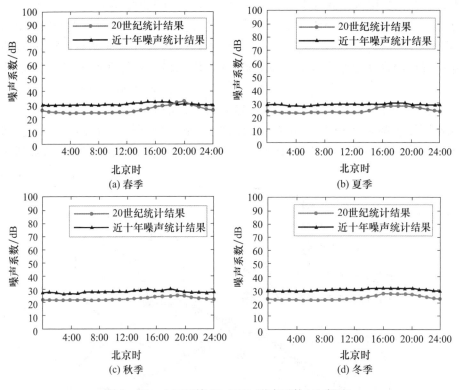

图 2-12 山区环境 22.0MHz 噪声系数(见彩图)

#### 2.2.3.2 抬升原因分析

大自然(如雷电、大气、宇宙射电)引起的噪声在一定年限内发生显著变化可能性较小,也是人类难以改变或抗拒的。而近年来随着新型设备的引入以及大量交通设施、工业基地、医院、高压线路等建设,人为噪声常常在无线电频谱的某些部分占主导地位,且噪声强度也随着工业、科学、医疗(Industrial Scientific and Medical,ISM)设备等越来越多地使用电气电子设备而改变,这些人为因素是可以改变和控制的。因此在分析无线电噪声及噪声源时,人为噪声成为主要的关注类型。

除电子设备数量大幅增长以外,地面建筑对无线电的影响也不容忽视。当前我国经济保持快速发展,建筑业正处于较快发展进程之中。城镇化建设的推进将带来大量城市房屋、基础设施、商业设施建设的需求,天线波束内的障碍物逐渐增加,将对 HF 频段业务产生影响。

1) 工业化人为噪声源的增长

目前工业、科学、医疗和其他非通信应用所使用的频率涵盖了大量频谱,其中包括《无线电规则》规定之外的频率。一系列 ISM 设备使用未确定容忍度和稳定性的频率,且其中有一些设备使用划分给安全业务及无线电导航业务的频率,表 2-3 中罗列出了目前在 HF 频段主要在用的 ISM 设备。

除了工业、科学、医疗领域内的设备在 HF 频段的应用以外,其他领域也在 HF 频段有部分应用。如等离子化学正在对 27MHz 频率进行调查、材料和食品加工中使用 10MHz 以下频率从页岩中提取石油、使用 13.56MHz 频率进行再利用处理等。

(1) 工业。

工业是采集原料,并把它们加工成产品的工作和过程,它是第二产业的重要组成部分,分为重工业和轻工业两大类。重工业主要包括采掘(伐)工业、原材料工业以及加工工业,轻工业则为提供生活消费品和制作手工工具。

工业在 HF 频段的典型应用较多,重工业中主要有包含从页岩中提取石油(10MHz 以下频率)等,轻工业主要包含电子管感应生成器制造半导体材料(1~10MHz)、木材黏合与固定(3.2MHz 和 6.5MHz)、纺织品和商品的干燥等。

当前,中国工业目前增长速度较快,如图 2-13 全部工业增长值所示,从 2011—2018 年,中国工业增加值分别为 191571 亿元、204540 亿元、217264 亿元、228123 亿元、228974 亿元、247860 亿元、279997 亿元、305160 亿元,2019 年全年规模以上工业增加值增长 5.7%,中国工业增加值为 317109 亿元。

重工业中对 HF 频段产生影响的典型应用主要为从页岩提取石油,页岩是由沉积在浅海和湖沼中的腐泥转换而来,其经过处理能够得到页岩油,可以制成汽油、柴油和燃料油。世界上油页岩中含油总储量非常丰富,但在提取过程中需使用 10MHz 以下频段对油页岩进行提取,这必然对 HF 频段电磁环境产生影响。当前页岩油产量正大幅增加,在原油总产量中占据相当大的比重。特别是在美国,2008 年以来,得益于美国页岩油产量大幅增加,如今页岩油产量已占到美国全国原油产量近 50%,借助页岩油产量迅速增长,美国成为全球最大原油生产国。我国页岩油气资源储量仅次于美国,分布较为集中,目前已有初步估计称我国页岩油可采资源量超过 100 亿吨,有着巨大的开发前景,可以预见对 HF 频段电磁环境的影响也会随之增强。

表 2-3　HF 频段在用的 ISM 设备

| 频率<br>/MHz | 主要应用 | 射频功率<br>(典型) | 预计在用<br>设备数量 |
| --- | --- | --- | --- |
| 1~10 | 外科透热疗法(1~10MHz 减幅波振荡器) | 100~1000W | >100000 |
| | 木材黏合与固定(3.2MHz 和 6.5MHz) | 10kW~1.5MW | |
| | 电子管感应生成器制造半导体材料 | 1~200kW | >1000 |
| | 射频弧稳定焊接(1~10MHz 减幅波振荡器) | 2~10kW | >10000 |
| 10~100 | 绝缘加热(大部分在 13.56MHz、27.12MHz 和 40.68MHz ISM 频段内工作) | 15~300kW | |
| | －铸－制陶造烘芯 | 15~300kW | <1000 |
| | －纺织品干燥 | 15~200kW | <1000 |
| | －商品(书籍、纸张、黏合和干燥) | 5~25kW | >1000 |
| | －食品(烘制后处理,肉和鱼制品解冻) | 10~100kW | >1000 |
| | －溶解性干燥 | 5~400kW | <1000 |
| | －木制品的干燥与黏合(薄板和木材干燥) | 5~1000kW | >10000 |
| | －一般性绝缘干燥 | 1~50kW | >100000 |
| | －塑料加热(冲模密封和塑料压纹) | 多数 <5kW | >10000 |
| | 医疗应用<br>－医用透热疗法(27MHz)<br>－磁共振成像仪(大屏蔽室内为 10~100MHz) | 100~1000W | >1000 |

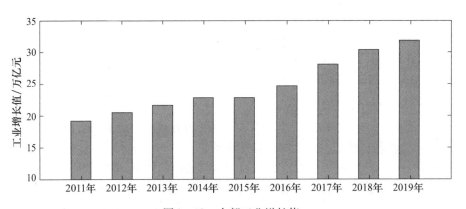

图 2-13　全部工业增长值

轻工业中对 HF 频段产生影响的典型应用主要为制造半导体材料、木材黏合、产品干燥等。半导体行业正在稳步发展中,近年来,在国内集成电路产业持续快速发展的带动下,中国大陆半导体材料市场销售额逐年攀升。2011 年,中国大陆半导体材料市场销售额仅 48.6 亿美元;2017 年,大陆地区半导体材料销售额升至 76.2 亿美元,增长了 56.8%。中国大陆消费者一共消费了全球 16.2% 的半导体材料,连续两年位居全球第二大半导体材料市场的地位。工业干燥目的是使产品流动性好,易于装卸,易于保存和贮藏,减少运输费用,获得希望的产品质量等。随着工业的发展,干燥设备也是必不可少,未来干燥设备的需求量也是巨大的,而且要求也不断增加。

铁路作为工业的血管,随着工业的发展也在不断完善。近年来高铁的建设加强了对全国的经济辐射与带动效应,带动铁路及其相关产业的技术进步,进而促进工业的快速发展乃至全国经济的全面快速增长。根据统计,2001 年、2005 年、2010 年和 2012 年我国铁路营业里程分别达 70000km、75000km、91000km 和 98000km,其中电气化铁路里程分别达 16900km、20200km、42000km、51000km;2014 年底,全国铁路运营总里程已突破 110000km,其中高铁运营总里程超过 15000km;2015 年底,中国高速铁路运营里程达到 19000km,新增运营里程 4407km;2016 年底,中国高速铁路运营线路共计 82 条(段),运营总里程达 22000km;新增运营线路共计 11 条(段),新增运营里程 2628km;2017 年底,全国铁路营业里程达到 127000km,其中高铁 25000km,中国高铁新增 3040km;2018 年底,中国高速铁路营业里程已达 29000km;2019 年中国高速铁路(时速 250km、时速 350km)新增运营线路高达 4179.37km,其中时速 350km 的达 2917km,占 69.80%。2011—2019 年中国高铁营运里程如图 2-14 所示。

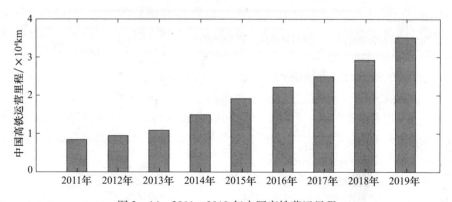

图 2-14 2011—2019 年中国高铁营运里程

高铁运行时使用的能源是由接触网供给的高压交流电,在列车运行过程中,受电弓滑板与供电接触网由于各种原因而不能时时保证良好的接触,往往在受电弓滑板离线时产生幅度较强的骚扰脉冲。这种骚扰脉冲有很宽的频谱,会对周围的无线电和通信设备造成干扰。电气化铁道产生的无线电噪声将对其周围近距离范围内的 HF 发信场具有影响,但电气化铁道一般产生的 HF 波段内的无线电噪声本身较小,因而对于相隔距离较远的 HF 频段业务影响较小。

(2)科学。

科学领域对电磁环境产生的影响主要表现为各种实验和科学设备在运行过程中,对周围环境产生的电磁干扰。该领域对 HF 频段产生干扰的设备主要有信号发生器、测量接收机、频率计、流量表、频谱分析仪、化学分析仪、电子显微镜、供电设备(未置于设备内部)等,这些实验仪器所发射的多个电磁信号相叠加对电磁环境形成干扰。

目前国内科研领域发展迅速,实验室数量正迅速增长。2011 年我国获得有效资质认定证书的实验室数量达 25669 家,获得认可的实验室数量达 4000 多家,数量已经位居全球第一。"十二五"期间为应对迅速发展的需求,实验室及相关机构已扩展至 6945 家,年均增长达到了 9.4%。

实验仪器产品广泛运用于科研等领域,伴随实验室总体规模的扩大,实验设备呈现迅速增长的态势。截至 2014 年,销售收入实现 284.86 亿元,同比增加 18.10%,净增 3.65 亿元,实现利润总额 26.53 亿元,同比增加 15.28%。

(3)医疗。

医疗设备的大量使用对 HF 频段的电磁环境也会产生较大影响,医疗应用主要表现在两方面:一方面医疗设施针对性地利用 HF 频段的医用特性,当 HF 电流作用于人体时,能够使人体内部受热,从而改变组织化特性和生理反应特性,达到防治疾病目的,典型应用主要有 HF 电波刀(3.8MHz)、透热疗法(1 ~ 10MHz、27MHz)等;另一方面在用的医疗设备具有很宽的频谱,能够产生影响 HF 频段业务的噪声,典型应用包括核磁共振成像仪(在大屏蔽室内为 10 ~ 100MHz)等。

近年来,随着经济的发展、人口的增长、社会老龄化程度的提高,以及人们保健意识的不断增强,医疗机构以及医疗设备逐年增加,对 HF 频段的影响随之增长。截至 2015 年 2 月底,全国医疗卫生机构数达 98.3 万个,其中医院 2.6 万个。与 2014 年 2 月底比较,中国医疗卫生机构增加 7761 个,其中医院增加 1223 个,基层医疗卫生机构增加 1895 个。

医院数量的增长将会伴随着医疗器械的增加,全球医疗器械市场销售总额已从 2001 年的 1870 亿美元迅速上升至 2011 年的 4353 亿美元,年增速达 8.82%,而中国医疗器械增长尤为突出,2000—2012 年,中国医疗器械产业整体规模增长了 10.34 倍,年复合增长率为 21.50%。2011—2019 年中国医疗器械市场规模如图 2 - 15 所示,2013 年 2120 亿元,2014 年 2556 亿元,2015 年 3080

亿元,2016 年 3700 亿元,2017 年我国医疗器械市场总规模约为 4450 亿元,比 2016 年的 3700 亿元增加了 750 亿元,增长率为 20.27%;2018 年中国医疗器械市场规模为 5304 亿元,同比增长 19.86%。预计 2019 年我国医疗器械市场规模将近 6500 亿元。

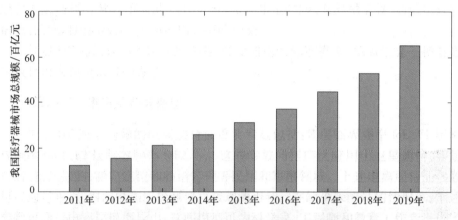

图 2 – 15　2011—2019 年中国医疗器械市场规模

其中,透热疗法设备(1~10MHz、27MHz)近年内数量急剧增长,2016 年我国透热疗法设备进口总量 44856 台,我国透热疗法设备进口总额 3145 万美元,2017 年进口总量 30878 台,进口总额 2252 万美元,其进口数量统计如图 2 – 16 所示。

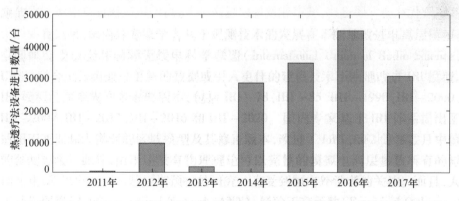

图 2 – 16　热透疗法设备进口数量

从全球医用核磁共振行业发展来看,而行业的新增医用核磁共振市场也保持了一定的增长。仅就 2012 年,全球新增核磁共振达到了 1.5 万台,同比增长了 13.64%,全球医用核磁共振的总装机量达到了 14.68 万台。2015 年,全球新增核磁共振达到了 1.64 万台,全球医用核磁共振的总装机量达到了 19.29 万台。

2011—2018年间我国核磁共振市场保持快速增长,装机量保持了增长态势,核磁共振设备保有量从2013年的4376台增长至2017年的8287台,复合增速达到17.3%,市场规模接近50亿元。根据测算,2018年中国核磁共振设备保有量为9255台。

中国医用核磁共振市场情况如图2-17所示。从国内医院及人均医用核磁共振的拥有量来看,目前中国医用核磁共振的拥有量仍相对较低,无法满足国内市场的需求,因而未来该设备数量仍将保持增长。

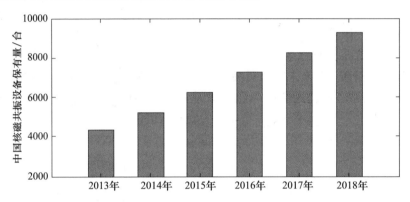

图2-17 中国核磁共振设备保有量

2)高层建筑物带来的影响

现代社会发展迅速,城市建设规模越来越大,高层建筑物日益增多。因此电磁场环境也越来越复杂,除城市整体规模增大对HF传播的影响外,发射天线附近的建筑物会对天线辐射的电波产生散射,所以建筑物对天线的影响,也必须作为重要的因素加以考虑。

随着我国经济建设的大规模进行,建筑业迅速发展,保持快速增长,建筑业在国民经济中的比重不断提高。1978年,全国建筑业完成增加值139亿元,2017年,建筑业增加值达到55689亿元,比1978年增加55550亿元,年均增速16.6%。中国建筑业增长值如图2-18所示,2018年全国建筑业增加值61808亿元,而2019年全国建筑业增加值达到了70904亿元。

当天线附近存在建筑物时,建筑物等效为导体柱,则导体柱上将感应出与振子上电流同方向的感应电流,该电流又产生散射场,同时由于建筑物散射场的影响,在天线振子的表面将产生感应电流,从而改变天线振子上的电流分布,这样将造成天线辐射特性的改变。

(1)建筑物与天线的方位改变对天线的影响。

对于HF天线而言,当建筑物与天线轴向夹角为0°时,建筑物在此方向上对天线的影响最大;随着夹角增大,辐射到建筑物上的电场强度逐渐减弱,建筑物对天线的影响也相应减小。而改变天线的仰角无法减小建筑物对天线的影响,反而造成地面对天线的反射作用改变,致使天线的主瓣最大辐射角降低,增益减小,方向性变差。

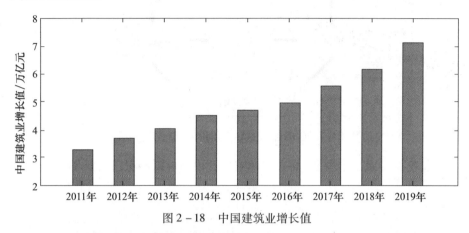

图 2-18 中国建筑业增长值

(2)建筑物与天线的距离对天线的影响。

对于水平极化波的 HF 天线,当建筑物处于天线主瓣辐射角内且距离天线小于 20 波长的范围,对天线的辐射方向性影响较大;随着距离的增大,相应影响也逐渐减小。

## 2.3 HF 天波传播特点

HF 天波传播示意图如图 2-19 所示,HF 天波传播是利用电离层可反射传播波段,借助电离层这面"镜子"反射传播;被电离层反射到地面后,地面又把它反射到电离层,然后再被电离层反射到地面,这样经过多次反射,且不受地面障碍物阻挡,电磁波可以传播上万千米以上。

但不是所有的 HF 电波都能被电离层反射,用于收发终端之间通信信号频率是有一定的上限和下限的。即任何 HF 通信都有一个可用频段,其上限称为最高可用频率 MUF,其下限称为最低可用频率 LUF。如果频率过高,高于 MUF 频率的电波信号会穿透电离层;如果频率过低,低于 LUF,底部吸收(D 和 E 层)将降低信号强度以至低于检测门限,无法接收。可用频率范围随电离层每日的、季节的、太阳活动的、各地的、各层的变化而变化,MUF 都随昼夜、季节、年份和太阳活动的变化而变化,而 LUF 受噪声、发射功率、天线增益的影响,变化更为复杂。所以,为了有效设计电路和维持通信,必须清楚可用频率范围,这正是 HF 通信选频的重要意义。

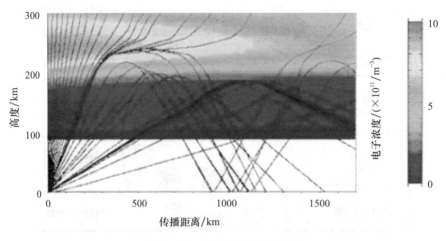

图 2-19　HF 天波传播示意图

HF 天波传播模式示意图如图 2-20 所示，可分为简单模式和复杂模式。

(1) 简单模式是指仅通过一层反射的模式。简单的一跳模式，如图 2-20(a)~(c)所示，分别对应于 1E(经 E 层的反射传播)、1Es(经突发 E 层的反射传播)和 1F(经 F 层的反射传播)；简单多跳模式也是可能的，如图 2-20(d)~(f)，分别对应 2E、2Es 和 2F，还可能出现 3F、4F 等传播模式。

(2) 复杂的模式多指 E、F 层反射组合或从 Es 层的顶部反射等特殊传播模式，如图 2-20(g)~(i)分别对应 1F1E、1Es1F 和 2F1Es。

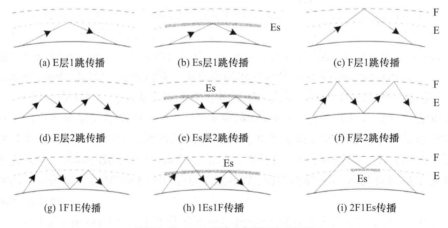

图 2-20　HF 天波传播模式示意图

由于电离层是一种随机、色散、各向异性的媒质，电波在其中传播时会产生信号衰落、多径时延、吸收、多普勒等效应。

## 2.3.1 信号衰落

HF电波在电离层的传播过程中,由于多径传播的干涉、极化面旋转、电离层吸收的变化等原因,使得接收信号电平呈现不规则变化,信号幅度的随机起伏现象就称为衰落,通常分为慢衰落和快衰落。慢衰落的周期从几分钟到几小时甚至更长时间,快衰落的周期则是在十分之几秒到几秒之间,实际上快衰落往往是叠加在慢衰落之上的。衰落的速率、深度,以及信号变化特征,都和电路的长度、地理位置、工作时间和频率因素密切相关。

慢衰落是一种吸收型衰落,是由电离层电子浓度及其高度的变化造成电离层吸收的变化而引起的,电离层吸收有明显的日变化规律。频率越低,电离层吸收的日变化愈明显,即昼夜信号电平的起伏越大。此外,信号电平随季节变化和太阳黑子数周期性的变化也都是慢变化。

快衰落是一种干涉型衰落,是由随机多径传输现象引起的。例如天波中的高角波和低角波、单跳传播与多跳传播、寻常波和非常波之间的干涉,以及电离层的漫射引起的多径传输等。由于电离层媒质的随机性,各径相对时延亦随机变化,使得合成信号发生随机起伏,这种变化比较快,故称为快衰落。对抗快衰落最有效的办法是采用分集接收技术。

此外,由于地磁场的影响,线极化平面波入射电离层后一般分裂为两个椭圆极化波,当电子浓度随机起伏时,每个椭圆极化波的椭圆主轴方向也随之相应的改变,因而引起在接收天线上的感应电势有相应的随机起伏,由这种原因引起的快衰落就称为极化衰落。

## 2.3.2 多径时延

多径时延通常指多径传输中最大的传输时延与最小的传输时延之差。电离层的多次反射是造成多径时延的主要因素,一般时延值大小与通信距离、工作频率等因素都有关系。

根据传播距离的不同,简单可分为三种情况。

(1)对于数百千米的短电路,通常天线为弱方向性,故电波传播的模式比较多,各跳电波之间的仰角又很小,吸收损耗也相差不大,故在接收到的信号分量中,各种模式都有相当的影响,这样在短电路中就会造成严重的多径时延,最大多径时延可达到8ms左右。

(2)对于2000~4000km的电路,存在的传输模式较少,最大多径时延只有2~3ms。

(3)对于 4000~20000km 的电路上,由于不存在单跳模式,传输条件更复杂,因此最大多径时延又逐渐增加到 6ms 左右。

根据多径时延是否可分离具体可分为两种情况。

(1)可分离多径:包含多种传播模式,多径传播时延差较大,如高低仰角射线、不同跳数的反射信号、不同电离层的反射信号等。统计发现,这种多径时延差超过 1.5ms 的占 99.5%,超过 5ms 的占 0.5%。

(2)不可分离多径:即同一传播模式内部的多径现象,其多径时延差很小,不能区分,主要是由同一电离层的不均匀性所引起,本质上是由电波的漫反射所造成的多径现象。

对于特定 HF 通信电路来讲,多径时延受工作频率的影响最大,当工作频率接近 MUF 时,多径时延最小,特别是在中午时分,电离层 D 层和 E 层吸收较大,多跳传播难以形成,容易得到真正的单径传播。当工作频率较低时,传播的模式种类就会增加,原来主要的模式减弱了,而次要的模式则逐渐增强,这样多径时延就会增大。当工作频率进一步降低时,由于电离层吸收增强,某些传播模式遭到较大的吸收而减弱,可以忽略不计,因此多径时延可能又减小。因此,要减小多径时延,就必须选用比较高的工作频率。多径时延即使在一个电路上也不是固定不变的,还随着时间而变化。在日出日落时刻,由于电子浓度急剧变化,HF 传播的 MUF 也随之迅速改变,如果用固定的频率工作,实际上将迅速远离 MUF 而造成严重的多径时延,这时的多经时延现象变得最严重、最复杂,中午和子夜时多径时延一般较小而且稳定。

### 2.3.3 电离层吸收

HF 天波经过电离层的传播通常会受到电离层的吸收,这种吸收多发生在 D 层,D 层的电子浓度最大时吸收最大。太阳辐射出的电离射线(EUV 和 X 射线)强度最大时,电离层吸收最大。太阳黑子高年夏季正午时候电离层吸收较大。当太阳耀斑爆发期间,太阳辐射的 X 射线迅速增加,会造成 D 层的电离迅速增加,电离层吸收随之迅速增加。电离层吸收在赤道附近吸收最大,随纬度升高逐渐下降,但在极区附近吸收变得特别大,这主要原因是极区 D 层复杂的电子产生过程。同时,电离层吸收 $A$ 与通信频率 $f$ 严格相关,且满足关系 $A \propto 1/f^2$,所以,2MHz 的吸收是 4MHz 的四倍之多。

### 2.3.4 多普勒效应

电离层经常性的快速和反射层高度的快速变化,都会使得传播路径不断变化，引起接收端信号相位的起伏，导致信号产生多普勒频移，造成接收信号失真，此类效应变化速率在日出和日落期间较为严重，一般小于 3.5Hz/s。同时，多普勒频移值的变化会导致接收端信号频谱的展宽，这种现象称为多普勒扩展，其典型值一般为 1~10Hz，对于简单的正弦信号，经过电离层反射后，其输出信号波形可能随时间而变化，同时输出信号的频谱也有所展宽。

# 第 3 章

# HF 天波传播预测与通信选频体系及其方法

本章将围绕现有的 HF 天波传播预测与通信选频体系及其方法展开。首先,本章简要分析 ITU – R 建议的 HF 通信选频方法及其主要特点。其次,回顾国际参考电离层、ITU – R 参考电离层、中国参考电离层以及其他电离层模型的发展。最后结合 ITU – R 方法,对 HF 天波传播预测方法进行简要介绍。

## 3.1 当前的选频体系与方法

当前,所用的 HF 通信选频体系及方法以 ITU – R 建议方法最为典型。该方法是在 1983 年由前 CCIR 临时工作组 6/12 首次提出,后经世界无线电管理会议 (World Administrative Radio Conference,WARC) 第二届会议的审议通过的。如图 3 – 1 ITU – R 建议 HF 通信频率长期预测体系和表 3 – 1 ITU – R 可用频率预测相关建议及规定所示,ITU – R 以标准的形式给出了 HF 通信可用频率的定义和长期预测方法,形成了相对完整的体系。

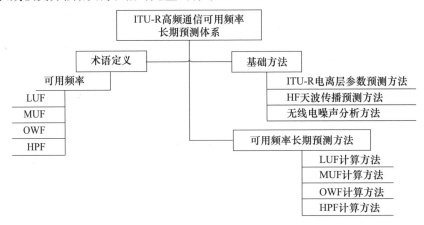

图 3 – 1　ITU – R 建议 HF 通信频率长期预测体系

表 3-1  ITU-R 可用频率预测相关建议及规定

| 编号 | 名称 | 内容 |
| --- | --- | --- |
| ITU-R P.1240 | ITU-R methods of basic MUF, operational MUF and ray-path prediction | 建议书提供了 HF 通信的基本 MUF、工作 MUF 以及 OWF 和 HPF 的计算方法。 |
| ITU-R P.1239 | ITU-R reference ionospheric characteristics | 建议书提供了电离层月平均值特性的模型、数字映射地以及有关统计数据变化情况的信息。 |
| ITU-R P.533 | Method for the prediction of the performance of HF circuits | 建议书给出了 HF 无线电系统的可用频率、信号电平和预计可靠性的预测方法。 |
| ITU-R P.373 | Definitions of maximum and minimum transmission frequencies | 建议书提供了 MUF、OWF、HPF 以及 LUF 的定义。 |
| ITU-R P.372 | Radio noise | 建议书提供了 0.1 Hz~100 GHz 范围内射频背景噪声电平。 |

## 3.1.1  术语定义

ITU-R P.373 建议给出了最优工作频率、最高可能频率、最高可用频率和最低可用频率的定义,自 1959 年提出后共进行了 9 次修订。

(1)基本最高工作频率(Basic Maximum Usable Frequency,Basic MUF):指在确定的时间内,收发两端之间仅考虑电离层折射、反射无线电波传播的最高频率。

(2)工作最高可用频率(Operational Maximum Usable Frequency,Operational MUF):指除考虑电离层折射、反射,还考虑散射传播等情况所能满足无线电信号接收的最高频率。

(3)最优可用频率(Optimum Working Frequency,OWF):指在指定的期间(通常为一个月)内,可使用的最高可用频率的下十分位数,即在指定期间 90% 以上的时间内可使用的最高可用频率。

(4)最高可能频率(Highest Probable Frequency,HPF):指在指定的期间(通常为一个月)内,可使用的最高可用频率的上十分位数,即在指定期间 10% 以上的时间内可使用的最高可用频率。

(5)最低可用频率(Lowest Usable Frequency,LUF):指在通信距离、发射功率和天线增益等基本参数给定的情况,能够保证系统正确接收所需最低信噪比时的频率。

上述定义为 HF 通信频率预测提供了基础。

## 3.1.2 ITU-R 基础支撑方法

为实现 HF 通信可用频率月统计值的预测，ITU-R P.1239、ITU-R P.533 和 ITU-R P.372 分别给出了电离层、接收功率以及无线电噪声等参数月中值的计算方法。

ITU-R P.1239 建议中规定了 ITU-R 参考电离层，提供了全球 foE、foF1、foF2 和 M(3000)F2 月中值的长期预测方法，自 1997 年形成建议后共进行了 3 次修订，为 LUF、MUF、OWF 和 HPF 计算提供了技术基础。

ITU-R P.533 建议基于 ITU-R 参考电离层，给出全球任意两点的接收功率的计算方法，自 1978 年形成建议后共进行了 14 次修订，为计算 LUF 提供了技术基础。

ITU-R P.372 建议给出全球银河系噪声、大气噪声和人为噪声的计算方法，自 1951 年形成建议后共进行了 13 次修订，为计算 LUF 提供了技术基础。

## 3.1.3 ITU-R 频率预测方法

ITU-R P.1240 建议给出了 LUF、OWF、MUF 和 HPF 的预测方法，并进行了 7 次修订。

### 3.1.3.1 传播模式确定

不同传播路径长度时计算基本 MUF 所考虑的传播模式如表 3-2 所列。

表 3-2 基本 MUF 预测所考虑的传播模式

| 反射层 | 传播距离 $d$ | 传播模式 | 控制点位置 |
|---|---|---|---|
| E 层 | $d \leq 2000$ | 1E | $d/2$ |
| | $2000 < d \leq 4000$ | 2E | $d/2$ |
| F1 层 | $2000 < d \leq 4000$ | 1F1 | $d/2$ |
| F2 层 | $d \leq d_{max}$ | 1F2 | $d/2$ |
| | $d > d_{max}$ | 高次模式 | $d_0/2$、$d - d_0/2$ |

表 3-2 中，$d_0$ 为 F2 层模式最低模式的跳长 (km)；$d_{max}$ 为 F2 层模式的最大跳长 (km)，其表达式为：

$$d_{max} = 4780 + (12610 + 2140/x^2 - 49720/x^4 + 688900/x^6) \cdot (1/B - 0.303) \tag{3-1}$$

其中

$$x = \max\left(\frac{\text{foF2}}{\text{foE}}, 2\right)$$

$$B = M(3000)F2 - 0.124 + \{[M(3000)F2]^2 - 4\} \cdot$$
$$[0.0215 + 0.005\sin(7.854/x - 1.9635)]$$

式中:foE 为路径中点处 E 层临界频率;foF2 为路径中点处 F2 层临界频率;M(3000)F2 为路径中点处 F2 层 MUF 的 3000km 传输因子。

#### 3.1.3.2 最高可用频率

E 层基本 MUF 可表示为

$$E(d)\text{MUF} = M_E \cdot \text{foE} \tag{3-2}$$

其中

$$M_E = 3.94 + 2.80x - 1.70x^2 - 0.60x^3 + 0.96x^4$$
$$x = \min(d - 1150/1150, 0.74)$$

式中:$d$ 为传播距离(km);foE 为路径中点处的 E 层临界频率(MHz)。

当出现 F1 层时,F1 层基本 MUF 可表示为

$$F1(d)\text{MUF} = M_{F1} \cdot \text{foF1} \tag{3-3}$$

其中

$$M_{F1} = J_0 - 0.01(J_0 - J_{100})R_{12}$$
$$J_0 = 0.16 + 2.64 \times 10^{-3}d - 0.40 \times 10^{-6}d^2$$
$$J_{100} = -0.52 + 2.69 \times 10^{-3}d - 0.39 \times 10^{-6}d^2$$

式中:$d$ 为传播距离(km);foF1 为路径中点处的 F1 层临界频率(MHz)。

对于 F2 层的传播,当传播距离 $d \leqslant d_{\max}$,传播为单跳模式,控制点为路径中点,此时 F2 层基本 MUF 可表示为

$$F2(d)\text{MUF} = \left[1 + \left(\frac{C_d}{C_{3000}}\right) \cdot (B-1)\right]\text{foF2} + \frac{f_H}{2}\left(1 - \frac{d_n}{d_{\max}}\right) \tag{3-4}$$

其中

$$C_d = 0.74 - 0.591Z - 0.424Z^2 - 0.090Z^3 + 0.088Z^4 + 0.181Z^5 + 0.096Z^6$$

$$Z = 1 - \frac{2d_n}{d_{\max}}$$

$$d_n = \frac{d}{n_0}$$

$n_0$ 为 F2 层传播最小跳数;$C_{3000}$ 为 $d = 3000$km 时 $C_d$ 值;foF2 为路径中点处 F2 层临界频率值(MHz);$f_H$ 为路径中点处磁旋频率(MHz)。

当传播路径距离 $d > d_{\max}$,传播为多跳模式,控制点为距发收点 $d_0/2$ 处,此时 F2 层基本 MUF 可表示为

$$F2(d)\text{MUF} = \min(F2(d_{\max})\text{MUF}_1, F2(d_{\max})\text{MUF}_2) \tag{3-5}$$

式中:$F2(d_{max})MUF_1$ 和 $F2(d_{max})MUF_2$ 分别为两控制点处的最低跳模式的 $F2(d_{max})MUF$。

综上,工作最高可用频率可由下式求得:
$$MUF = \max(E(d)MUF, F1(d)MUF, F2(d)MUF \cdot R_{op}) \quad (3-6)$$
式中:$R_{op}$ 为 F2 层工作 MUF 与基本 MUF 的比值,如表 3-3 所列。

表 3-3  F2 层工作 MUF 与基本 MUF 的比值 $R_{op}$

| 辐射功率/dBW | 夏季 | | 春秋 | | 冬季 | |
|---|---|---|---|---|---|---|
| | 夜间 | 白天 | 夜间 | 白天 | 夜间 | 白天 |
| ≤30 | 1.20 | 1.10 | 1.25 | 1.15 | 1.30 | 1.20 |
| >30 | 1.25 | 1.15 | 1.30 | 1.20 | 1.35 | 1.25 |

#### 3.1.3.3 最优可用频率

基于计算得到各层基本最高可用频率 MUF,利用 MUF-OWF 转换因子 $F_l$,进而可得最优工作频率 OWF,具体可表示为
$$OWF = \max(E(d)OWF, F1(d)OWF, F2(d)OWF) \quad (3-7)$$
其中
$$E(d)OWF = 0.95 \times E(d)MUF$$
$$F1(d)OWF = 0.95 \times F1(d)MUF$$
$$F2(d)OWF = R_{op} \times F2(d)MUF \times F_l$$
式中:$F_l$ 为 MUF-OWF 转换因子,如图 3-2~图 3-4 所示,该因子仅考虑了控制点纬度、当地时以及粗粒度太阳黑子变化特性,且不区分南北半球的纬度效应。

#### 3.1.3.4 最高可能频率

基于计算得到各层基本最高可用频率 MUF,利用 MUF-HPF 转换因子,进而可得最高工作频率 HPF,具体可表示为
$$HPF = \max(E(d)HPF, F1(d)HPF, F2(d)HPF) \quad (3-8)$$
其中
$$E(d)HPF = 1.05 \times E(d)MUF$$
$$F1(d)HPF = 1.05 \times F1(d)MUF$$
$$F2(d)OWF = R_{op} \times F2(d)MUF \times F_u$$
式中:$F_u$ 为 MUF-HPF 转换因子,如图 3-5~图 3-7 所示,该因子与 $F_l$ 类似,以纬度 5°、当地时整点为间隔,区分太阳黑子数三个典型数值段建立的转换因子表,但不区分南北半球的纬度效应。

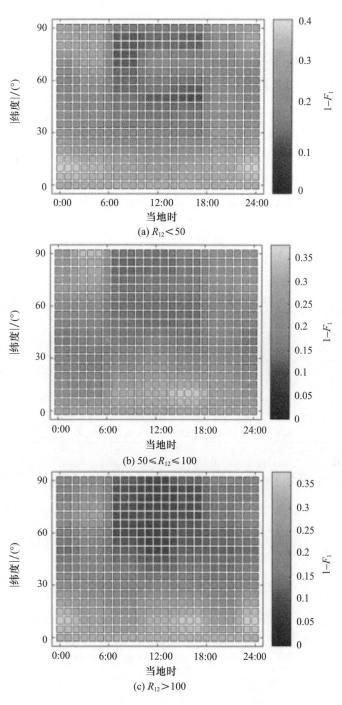

图 3-2 冬季 OWF 转换因子 $F_1$（见彩图）

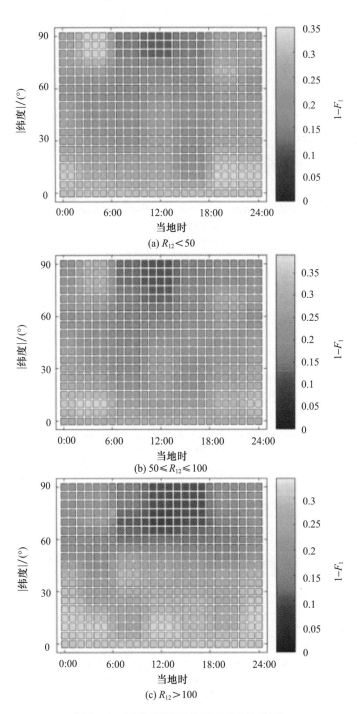

图 3-3 夏季 OWF 转换因子 $F_1$（见彩图）

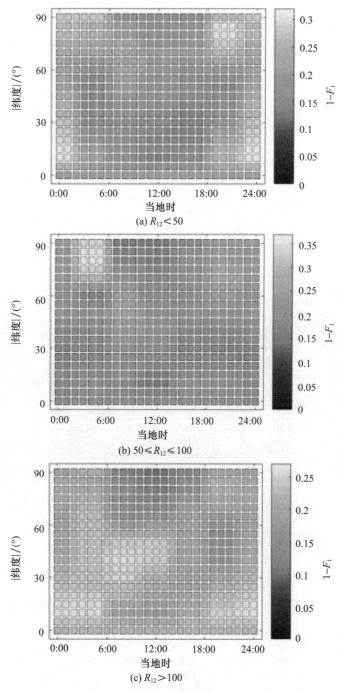

图 3-4 春季或秋季 OWF 转换因子 $F_1$（见彩图）

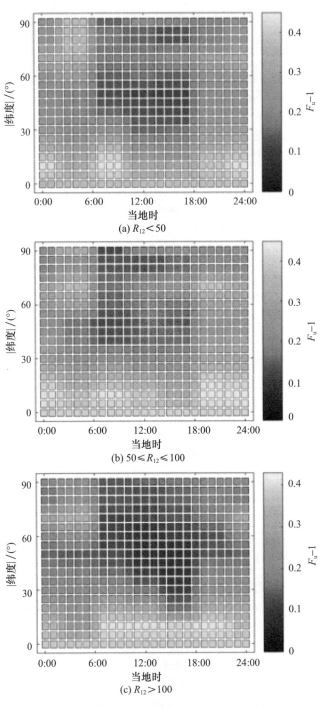

图 3-5 冬季 HPF 转换因子 $F_u$(见彩图)

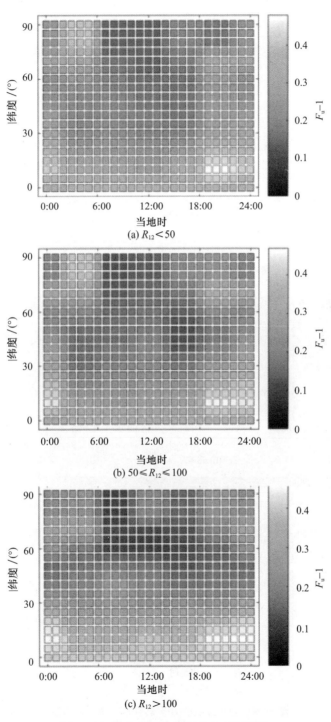

图 3-6 夏季 HPF 转换因子 $F_u$（见彩图）

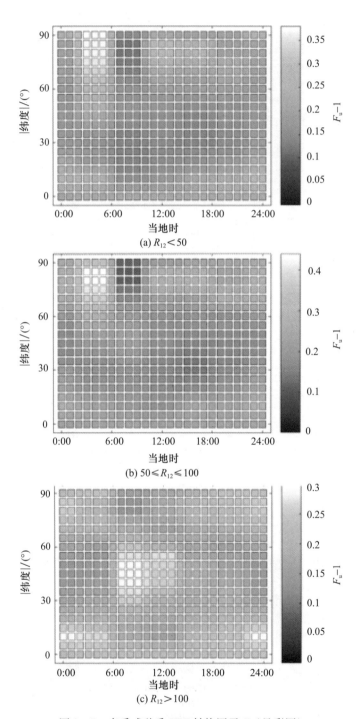

图 3-7 春季或秋季 HPF 转换因子 $F_u$（见彩图）

## 3.1.4 方法特点

综上分析,可以看出:ITU-R 的 HF 通信选频方法是以电离层的参数为基础,以计算得到的 MUF 为核心再进行 LUF、OWF 和 HPF 等参数的计算。该方法内部逻辑关系如图 3-8 所示。

(1)利用 ITU-R P.1239 预测得到的电离层参数的月中值,可以预测得到 MUF、OWF 和 HPF 的月统计值;

(2)结合 ITU-R P.533 HF 天波传播预测方法和 ITU-R P.372 无线电噪声预测方法,进而可以预测得到 LUF 月中值。

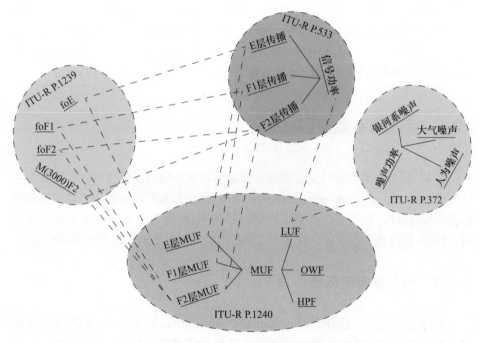

图 3-8　ITU-R HF 通信可用频率预测方法内部逻辑关系

上述长期预测模型是根据电离层传播理论、最优信道匹配理论以及历史观测数据建立起的经验模型和物理模型。分析可知该方法具有如下特点。

(1)当前应用比较广泛的 ITU-R 和 IRI 等成熟模型为全局模型,在区域精度上有待进一步提升,这也是国内外研究的热点之一,在欧洲、亚洲、非洲以及极区等地区均在开展持续性的研究。

(2)OWF 和 HPF 的计算仅考虑了控制点纬度、当地时以及粗粒度太阳黑子变化特性,即以纬度 5°、当地时整点为间隔,区分太阳黑子数三个典型数值段建立的转换因子表。

（3）电离层特征参数和 HF 通信选频现有成熟方法为长期预测模型,仅提供的结果为 LUF、MUF、OWF 和 HPF 的月统计值结果,缺少短期预报模型,无法支撑 HF 通信频率提供短时优化和管理。

目前,全球研究兴趣开始集中在开发新一代 HF 通信系统,智能化是其主要的关键特性。智能化 HF 通信的前提是预先全面且细粒度的掌握 HF 通信信道,为选出最优质的可用频率、进而建立可靠的通信连接、提高通信的可靠性和质量提供技术支撑。不难发现:精细化是实现智能化的支撑,智能化是实现精细化的手段,两者相辅相成;可用频段和优质频率精细化结果可为 HF 通信智能化用频决策提供强有力的支撑,智能化处理方法特别是成熟的 AI 方法可为 HF 通信选频提供可行且行之有效的技术手段。因此,未来 HF 优质的通信效果必然是智能算法和精细目标相结合的结果。所以,为了更好地支撑新一代的智能 HF 通信系统的研发,急需引入新技术、新方法,对现有的 HF 通信选频体系进行优化,并研究面向智能化 HF 通信的选频方法。

## 3.2 电离层参数模型的发展

目前,分析电离层特性最常用的方法是利用参考电离层模型,其中,国际参考电离层(International Reference Ionosphere,IRI)模型是众所周知的一个经验模型和推荐的国际标准,该模型提供了宁静期临界频率、高度等电离层特征参数的预测值。同时,国内外专家学者一直基于观测技术的发展在不断地改进电离层模型。

### 3.2.1 国际参考电离层

国际无线电科学联合会(International Union of Radio Science,URSI)根据地面观测站得到的大量资料和多年电离层模型研究成果,建立了全球电离层模型并编制出计算机程序,即国际参考电离层(IRI)。IRI 模型是一个分段描述的统计预报模式,它反映了规则电离层的平均状态。自 20 世纪 70 年代,URSI 和空间研究委员会联合工作组通过更新的数据或引入更佳的建模技术不断的改进 IRI 模型。IRI 模型已演变成许多重要版本,包括 IRI – 78、IRI – 85、IRI – 1990、IRI – 2000、IRI – 2007、IRI – 2012、IRI – 2016 和 IRI – 2020。

国际参考电离层(IRI)定义的电子密度剖面如图 3 – 9 所示,IRI 电子密度剖面模型分为 6 部分:顶部、F2 层、F1 层、中间区、E 层峰谷区和 E 层底与 D 层,其区域分界由电子浓度剖面特征点(如 F 层、F1 层和 E 层最大电子浓度对应的高度等)确定。其中,HZ 为中间区的上边界,HST 为 F1 层电子浓度剖面向下至与 E 层最大电子浓度相等时所对应的高度,HEF 为 E 层谷区的上边界,HBR 为 E 层谷宽,HABR 为 E 层谷底至 E 层最大电子浓度对应高度的距离,HDX 为 D 层和 E 层底部的特定高度,HA 为电离层的起始高度,hmF2、hmF1、hmE、hmD 分别是 F2 层、F1 层、E 层和 D 层的最大电子浓度对应高度,NmE、NmF2 分别是 E 层、F2 层的最大电子浓度。

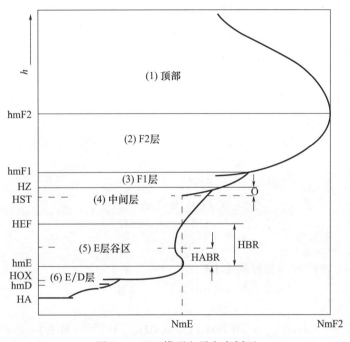

图 3-9 IRI 模型电子密度剖面

## 3.2.2 ITU-R 电离层模型

ITU-R P.1239 建议继承了 IRI,规定了 ITU-R 参考电离层,提供了全球 foE、foF1、foF2 和 M(3000)F2 月中值的长期预测方法,自 1997 年形成建议后共进行了 3 次修订。其中,E 层临界频率 foE 可利用如下步骤求得。

第一步:计算太阳活动因子 $A$,即

$$A = 0.3796 + 0.0094\varphi_{12} \tag{3-9}$$

式中:$\varphi_{12}$ 为 10.7cm 太阳射电噪声通量 12 个月流动平均值($10^{-22}$ W·m$^{-2}$·Hz$^{-1}$)。

第二步:计算季节因子 $B$,即

$$B = \cos^m N \tag{3-10}$$

其中

$$N = \begin{cases} \lambda - \delta & |\lambda - \delta| < 80° \\ 80° & |\lambda - \delta| \geq 80° \end{cases}$$

$$m = \begin{cases} -1.93 + 1.92\cos\lambda & |\lambda| < 32° \\ 0.11 - 0.49\cos\lambda & |\lambda| \geq 32° \end{cases}$$

第三步：计算纬度因子 $C$，即

$$C = \begin{cases} 23 + 116\cos\lambda & |\lambda| < 32° \\ 92 + 35\cos\lambda & |\lambda| \geq 32° \end{cases} \tag{3-11}$$

第四步：计算时变因子 $D$，即

$$D = \begin{cases} \cos^p \chi & \chi \leq 73° \\ \cos^p(\chi - \delta\chi) & 73° < \chi < 90° \\ \max\left[(0.072)^p \exp(-1.4h), (0.072)^p \exp(25.2 - 0.28\chi)\right] & \chi \geq 90°(夜间) \\ (0.072)^p \exp(25.2 - 0.28\chi) & 极区冬季太阳不升起的日子 \end{cases}$$

$$\tag{3-12}$$

式中：$h$ 为日落（$\chi = 90°$）后的小时数；

$$\delta\chi = 6.27 \times 10^{-13}(\chi - 50)^8$$

$$p = \begin{cases} 1.31 & |\lambda| \leq 12° \\ 1.20 & |\lambda| > 12° \end{cases}$$

第五步：计算 E 层临界频率 foE，即

$$foE = (ABCD)^{0.25} \quad (\text{MHz}) \tag{3-13}$$

foE 的最小值为

$$(foE)_{\min} = (0.004(1 + 0.021\varphi_{12})^2)^{0.25} \quad (\text{MHz}) \tag{3-14}$$

夜间当按式（3-13）算得的 foE 小于按式（3-14）算得的 foE 时，则用式（3-14）算得的值。

foF2 和 M(3000)F2 映射可表示为傅里叶时间级数：

$$\Omega(\lambda, \theta, T) = a_0(\lambda, \theta) + \sum_{j=1}^{H} [a_j(\lambda, \theta)\cos jT + b_j(\lambda, \theta)\sin jT] \tag{3-15}$$

式中：$\Omega$ 为映射的电离层特征参数 foF2 和 M(3000)F2；$\lambda$ 为地理纬度（$-90° \leq \lambda \leq 90°$）；$\theta$ 为地理经度（$0° \leq \theta \leq 360°$）（$\theta$ 为格林威治子午线以东的度数）；$T$ 为世界时（UTC）以角度表示（$-180° \leq T \leq 180°$）；$H$ 为表征日变化的最大谐波数。傅里叶系数 $a_j(\lambda, \theta)$ 和 $b_j(\lambda, \theta)$，随着地理坐标的变化而变化，用以下级数形式表示

$$a_j(\lambda, \theta) = \sum_{k=0}^{K} U_{2j,k} G_k(\lambda, \theta), j = 0, 1, 2 \cdots, H \tag{3-16}$$

$$b_j(\lambda, \theta) = \sum_{k=0}^{K} U_{2j-1,k} G_k(\lambda, \theta), j = 1, 2 \cdots, H \tag{3-17}$$

式中:$G_k(\lambda,\theta)$ 的特定选择取决于指定整数 $k$ ($k_0$, $k_1$, $k_2$, $\cdots$, $k_i$, $\cdots$, $k_m$; $k_m = K$);$i$ 为经度的顺序。

因此,数字映射图可以更明确地写为

$$\Omega(\lambda,\theta,T) = \sum_{k=0}^{K} U_{0,k} G_k(\lambda,\theta) + \sum_{j=1}^{H} \left[ \cos j T \sum_{k=0}^{K} U_{2j,k} G_k(\lambda,\theta) + \sin j T \sum_{k=0}^{K} U_{2j-1,k} G_k(\lambda,\theta) \right] \quad (3-18)$$

式中:$U_{2j,k}$ 和 $U_{2j-1*k}$ 可写为 $U_{s,k}$,$s$ 是 $2j$ 或 $2j-1$。

### 3.2.3 中国参考电离层

中国参考电离层(Reference Ionosphere of China,CRI)是中国电波传播研究所利用国内电离层垂直探测站网获得的长期大量资料对 IRI 进行修改得到的,其主要修改内容包括:

(1)采用"亚洲大洋洲地区电离层预报"模型中给出的 foF2 和 M(3000)F2 计算方法;

(2)基于统计的中国区域的 F1 层出现时间,修改为中国区域全部季节均考虑 F1 层的存在;

(3)在中国区域,E 层的最大电子浓度高度 hmE 修改为 115km。

亚洲大洋洲地区电离层 F2 层的临界频率和 F2 层 3000km 传输因子预测方法具体为

$$\text{foF2} = \sum_{k=0}^{9} B_k \sin^k \mu \quad (\text{MHz}) \quad (3-19)$$

$$M(3000)F2 = \sum_{k=0}^{9} D_k \sin^k \mu \quad (\text{MHz}) \quad (3-20)$$

其中

$$B_k = \frac{(I_C-9)(I_C-12)}{18} a_{k,t,m} - \frac{(I_C-6)(I_C-12)}{9} b_{k,t,m} + \frac{(I_C-6)(I_C-9)}{18} c_{k,t,m}$$

$$D_k = \frac{I_C-6}{6} d_{k,t,m} + \frac{12-I_C}{6} e_{k,t,m}$$

$$(k = 1,2,\cdots 9; t = 0,1,2\cdots 23; m = 1,2,\cdots 12)$$

式中:$m$ 为月份;$t$ 为时间;$\mu$ 为修正磁倾角;$I_C$ 为相应于太阳活动性的电离层预测指数;$a_{k,t,m}$、$b_{k,t,m}$、$c_{k,t,m}$、$d_{k,t,m}$、$e_{k,t,m}$ 为资料统计得到的经验系数;$k$ 为地理变化的回归方程幂指数。

经过上述修订,CRI 较 IRI 在中国及邻近区域(10°N ~60°N,70°E ~140°E)有大幅提高。该模型由中国国防科学工业委员会作为中国国家军用标准 GJB1925 - 94 于 1995 年 4 月颁布实施。在 1995 年新德里召开的国际无线电科学联合会 (URSI)上,IRI 工作组会议认为 CRI 可以作为国际参考电离层应用于亚洲、大洋洲地区的优选方案。

近年,国内学者提出了亚洲和大洋洲的区域 F2 层模型的修正版本,进一步改进了 foF2 和 M(3000)F2 月中值的预测方法。

### 3.2.4 其他模型

由于还没有物理理论可以完整地模拟电离层参数所有的变化,所以电离层模型的研究一直受到国内外学者的关注。除上述模型外,人工神经网络(Artificial Neural Network,ANN)、经验正交函数(Empirical Orthogonal Function,EOF)等方法也被引入用于 foF2、传输因子、峰值高度、总电子含量等参数的分析,部分成果实际已纳入 IRI 模型。

## 3.3 HF 天波传播预测方法

ITU - R P.533 建议基于 ITU - R P.1239 建议所规定的 ITU - R 参考电离层,给出全球任意两点的接收功率的计算方法,自 1978 年形成建议后共进行了 14 次修订。该方法通过计算传播路径的控制点,进而确定控制点处的电离层参数,最终计算可得到 HF 天波传播场强值。

### 3.3.1 控制点

假设 HF 电波传播是沿发射机和接收机位置之间的大圆路径,通过 E 和 F2 层反射而形成的。

根据路径长度和反射层,在计算天波传播场强与衰减时有关参量的控制点按表 3-4 ~ 表 3-7 选择。

表 3-4  计算基本最高可用频率及相应电子磁旋频率时的控制点位置

| 地面距离 $d$ | E 层模式的 $d_a$ | F2 层模式的 $d_a$ |
| --- | --- | --- |
| $0 < d \leqslant 2000$ | $0.5d$ | $0.5d$ |
| $2000 < d \leqslant 4000$ | $T + 1000, R - 1000$ | — |
| $2000 < d \leqslant d_{max}$ | — | $0.5d$ |
| $d_{max} < d$ | — | $T + d_0/2, R - d_0/2$ |

表 3 – 5  计算 E 层截止频率时的控制点位置

| 地面距离 $d$ | F2 层模式的 $d_a$ |
|---|---|
| $0 < d \leqslant 2000$ | $0.5d$ |
| $2000 < d < 9000$ | $T + 1000, R - 1000$ |

表 3 – 6  计算射线路径镜面反射时的控制点位置

| 地面距离 $d$ | F2 层模式的 $d_a$ |
|---|---|
| $0 < d \leqslant d_{\max}$ | $0.5d$ |
| $d_{\max} < d < 9000$ | $T + d_0/2, 0.5d, R - d_0/2$ |

表 3 – 7  电离层吸收及相应电子磁旋频率计算时所用控制点位置

| 地面距离 $d$ | E 层模式的 $d_a$ | F2 层模式的 $d_a$ |
|---|---|---|
| $0 < d \leqslant 2000$ | $0.5d$ | $0.5d$ |
| $2000 < d \leqslant 4000$ | $T + 1000, 0.5d, R - 1000$ | — |
| $2000 < d \leqslant d_{\max}$ | — | $T + 1000, 0.5d, R - 1000$ |
| $d_{\max} < d < 9000$ | — | $T + 1000, T + d_0/2, 0.5d,$ $R - d_0/2, R - 1000$ |

注:$T$ 为发射点位置;$R$ 为接收点位置;$d_{\max}$ 为 F2 层模式的最大跳长(km);$d_0$ 为最低模式的跳长(km)。

## 3.3.2  电离层参数

### 3.3.2.1  E 层基本最高可用频率

E 层传播模式的最低仰角限制为 3°,反射高度 $h_r = 110$km,首先计算电波传播模式的最低跳数 $n_{0E}$,然后按顺序计算 $n = n_{0E}, n_{0E} + 1, n_{0E} + 2$ 三种传播模式的基本最高可用频率。计算基本最高可用频率时,按表 3 – 4 给出的控制点计算 foE。当传播距离 $d$ 在 2000 ~ 4000km 范围内时,取两控制点 foE 的低者。特定时间 $t$ 的相应传播模式 $n$ 的基本最高可用频率 $\text{EMUF}(n,t)$ 为

$$\text{EMUF}(n,t) = \text{foE} \cdot \sec i_{110} \quad (\text{MHz}) \qquad (3-21)$$

式中:$i_{110}$ 为对应传播模式 110km 高度入射角。

### 3.3.2.2  E 层最大截止频率

对于通信距离在 9000km 以内,都要考虑 E 层对于 F2 层传播模式的截止问题。$i_{110}$ 为 110km 高度的入射角,E 层最大截止频率的计算方法为

$$f_s = 1.05 \text{foE} \cdot \sec i_{110} \quad (\text{MHz}) \qquad (3-22)$$

当传播距离 $d > 2000$km 时,按表 3 – 5 取距收发两端各 1000km 处控制点计

算出的 foE 的大者,计算 E 层的最大截止频率 $f_S$。当工作频率 $f ≤ f_S$ 时,认为该频率 F2 层传播模式不存在,被 E 层截止。

#### 3.3.2.3　F2 层基本最高可用频率

当传播距离 $d ≤ d_{max}$ 时,此为单控制点情况,已知各传播模式一跳距离为 $d_n = d/n$(km, $n = n_{0F}$、$n_{0F}+1$、$\cdots$)、F2 层最长一跳距离为 $d_{max}$(km),则 F2 层基本最高可用频率为

$$\text{F2MUF}(d_n) = \left[1 + \frac{C_d}{C_{3000}}(B-1)\right]\text{foF2} + \frac{f_H}{2}\left(1 - \frac{d_n}{d_{max}}\right)\text{(MHz)} \quad (3-23)$$

其中

$$Z = 1 - \frac{2d_n}{d_{max}}$$

$$C_d = 0.74 - 0.591Z - 0.424Z^2 - 0.090Z^3 + 0.088Z^4 + 0.181Z^5 + 0.096Z^6$$

$$C_{3000} = C_d(d = 3000)$$

$$d_{max} = 4780 + + \left(12610 + \frac{2140}{x^2} - \frac{49720}{x^4} + \frac{688900}{x^6}\right)\left(\frac{1}{B} - 0.303\right)$$

$$B = M(3000)\text{F2} - 0.124 + \{[M(3000)\text{F2}]^2 - 4\} \cdot$$

$$\left[0.0215 + 0.005\sin\left(\frac{7.854}{x} - 1.9635\right)\right]$$

$$x = \max(\text{foF2}/\text{foE}, 2)$$

式中:foE、foF2、M(3000)F2 为控制点电离层参量。

当传播距离 $d > d_{max}$,此为双控制点情况,对应表 3-6 取两个控制点分别计算基本最高可用频率

$$\text{F2MUF}(d_n)_{1,2} = \text{F2MUF}(d_{max}) \cdot \frac{M_n}{M_{n_{0F}}}\text{(MHz)} \quad (3-24)$$

其中

$$\frac{M_n}{M_{n_{0F}}} = \frac{\text{F2MUF}(d_n)}{\text{F2MUF}(d_{n_{0F}})} \quad n = n_{0F}, n_{0F}+1, \cdots$$

则 F2 层基本最高可用频率为

$$\text{F2MUF}(d_n) = \min(\text{F2MUF}(d_n)_1, \text{F2MUF}(d_n)_2) \quad (3-25)$$

### 3.3.3　接收场强

#### 3.3.3.1　传播仰角

传播仰角可以表示为

$$\Delta = \operatorname{arctg}\left(\operatorname{ctg}\frac{d_n}{2R_0} - \frac{R_0}{R_0 + h_r}\csc\frac{d_n}{R_0}\right) \qquad (3-26)$$

式中：$R_0$ 为地球半径；$d_n$ 为 $n$ 跳天波的跳距(km)，$d_n = d/n$；$h_r$ 为反射点的反射高度(km)，对于 E 层模式，$h_r = 110\text{km}$，中国区域取 115km；对于 F2 层模式，按表 3-6 所列控制点分别计算后取平均值，单控制点的反射高度 $h_r$ 为

$$h_r = \begin{cases} \min(h, 800) & (x < 3.33) \\ \min(115 + HJ + Ud, 800) & (x \geqslant 3.33) \end{cases} \qquad (3-27)$$

其中

$$H = \frac{1490}{M(3000)F2 + \Delta M} - 316$$

$$J = -0.7126y^3 + 5.863y^2 - 16.13y + 16.07$$

$$U = 8 \times 10^{-5}(H - 80)(1 + 11y^{-2.2}) + 1.2 \times 10^{-3}Hy^{-3.6}$$

$$x = \text{foF2}/\text{foE}$$

$$y = \max(x, 1.8)$$

$$\Delta M = \frac{0.18}{y - 1.4} + 6.4 \times 10^{-4}(R_{12} - 25)$$

$$h = \begin{cases} A_1 + 2.4^{-a}B_1 & (a \geqslant 0, \ B_1 \geqslant 0, \ x_r \geqslant 1) \\ A_1 + B_1 & (a < 0, \ B_1 < 0, \ x_r \geqslant 1) \\ A_2 + B_2 b & (B_2 \geqslant 0, \ x_r < 1) \\ A_2 + B_2 & (B_2 < 0, \ x_r < 1) \end{cases}$$

$$a = \frac{d_h - d_S}{H + 140}$$

$$b = -7.535d_f^4 + 15.75d_f^3 - 8.834d_f^2 - 0.378d_f + 1$$

$$d_f = \min\left[\frac{0.115d_n}{Z(H + 140)}, 0.65\right]$$

$$A_1 = 140 + (H - 47)E_1$$

$$B_1 = 150 + (H - 17)F_1 - A_1$$

$$E_1 = -0.09707x_r^3 + 0.6870x_r^2 - 0.7506x_r + 0.6$$

$$F_1 = \begin{cases} -1.862x_r^4 + 12.95x_r^3 - 32.03x_r^2 + 33.50x_r - 10.91 & (1 \leqslant x_r \leqslant 1.71) \\ 1.21 + 0.2x_r & (x_r > 1.71) \end{cases}$$

$$G = \begin{cases} -2.102x_r^4 + 19.50x_r^3 - 63.15x_r^2 + 90.47x_r - 44.73 & (1 \leqslant x_r \leqslant 3.7) \\ 19.25 & (x_r > 3.7) \end{cases}$$

$$d_S = 160 + (H + 43)G$$

$$A_2 = 151 + (H - 47)E_2$$

$$B_2 = 141 + (H-24)F_2 - A_2$$
$$E_2 = 0.1906Z^2 + 0.00583Z + 0.1936$$
$$F_2 = 0.645Z^2 + 0.883Z + 0.162$$
$$Z = \max(x_r, 0.1)$$

式中:foE、foF2、M(3000)F2 为控制点电离层参量。

#### 3.3.3.2 场强中值

1)不超过 7000km 的路径传播

计算 E 层三个传播模式(跳数 $n = n_{0E}$、$n_{0E}+1$、$n_{0E}+2$)和 F2 层六个传输模式(跳数 $n = n_{0F}$、$n_{0F}+1$、$n_{0F}+2$、$n_{0F}+3$、$n_{0F}+4$、$n_{0F}+5$)的接收场强中值 $E_{tw}$,选出 E 层两个强的传播模式与 F2 层三个强的传播模式的接收场强中值进行功率叠加,得到通信电路接收点的合成接收场强中值。

E 层跳数为 $n_{0E}$、$n_{0E}+1$、$n_{0E}+2$ 三个传播模式与 F2 层跳数为 $n_{0F}$、$n_{0F}+1$、$n_{0F}+2$、$n_{0F}+3$、$n_{0F}+4$、$n_{0F}+5$ 六个传播模式的每个模式接收场强中值为

$$E_{tw} = 94.25 + P_t + G_t - 20\log p' - L_m - L_g - L_h - L_i \; (\text{dB}(\mu\text{V/m})) \tag{3-28}$$

式中:$P_t$ 为发射功率,单位为 dB(kW);$G_t$ 为所需方位和仰角发射天线增益,单位为 dB;$p'$ 为天波射线斜距(km),其计算公式为

$$p' = 12742.4 \sum_1^n \left[ \frac{\sin\left(\frac{d_n}{2R_0}\right)}{\cos\left(\Delta + \frac{d_n}{2R_0}\right)} \right] \; (\text{km}) \tag{3-29}$$

$L_m$ 为高于 MUF 的损耗,单位为 dB,对于 E 层和 F2 层模式,其计算公式分别为

$$L_m = \begin{cases} 0 & (f \leq \text{EMUF}(n,t)) \\ \min\left\{130\left[\frac{f}{\text{EMUF}(n,t)}-1\right]^2, 81\right\} & (f > \text{EMUF}(n,t)) \end{cases} \tag{3-30}$$

$$L_m = \begin{cases} 0 & (f \leq \text{F2MUF}(n,t)) \\ \min\left\{36\left[\frac{f}{\text{EMUF}(n,t)}-1\right]^{\frac{1}{2}}, 62\right\} & (f > \text{F2MUF}(n,t)) \end{cases} \tag{3-31}$$

$L_g$ 为地反射损耗,其计算公式为

$$L_g = 2(n-1) \tag{3-32}$$

$L_h$ 为计及极光区和其他信号损耗因子,单位为 dB,表 3-8 给出了对应于地磁纬度 $G_n$ 和当地时间的相应值,该值为控制点的平均值。在北半球,12~2 月为冬季,3 月~5 月和 9 月~11 月为春、秋分季,6 月~8 月为夏季;在南半球,冬、夏两季互换。

表 3-8　极光区和其他信号损耗 $L_h$ 值

| 传输距离 | 季节 | 位置 ($G_n$) | 路径中点本地时间 $t$ | | | | | | | |
|---|---|---|---|---|---|---|---|---|---|---|
| | | | $01 \leqslant t < 04$ | $04 \leqslant t < 07$ | $07 \leqslant t < 10$ | $10 \leqslant t < 13$ | $13 \leqslant t < 16$ | $16 \leqslant t < 19$ | $19 \leqslant t < 22$ | $22 \leqslant t < 01$ |
| ≤2500km | 冬季 | $77.5° \leqslant G_n$ | 2.0 | 6.6 | 6.2 | 1.5 | 0.5 | 1.4 | 1.5 | 1.0 |
| | | $72.5° \leqslant G_n < 77.5°$ | 3.4 | 8.3 | 8.6 | 0.9 | 0.5 | 2.5 | 3.0 | 3.0 |
| | | $67.5° \leqslant G_n < 72.5°$ | 6.2 | 15.6 | 12.8 | 2.3 | 1.5 | 4.6 | 7.0 | 5.0 |
| | | $62.5° \leqslant G_n < 67.5°$ | 7.0 | 16.0 | 14.0 | 3.6 | 2.0 | 6.8 | 9.8 | 6.6 |
| | | $57.5° \leqslant G_n < 62.5°$ | 2.0 | 4.5 | 6.6 | 1.4 | 0.8 | 2.7 | 3.0 | 2.0 |
| | | $52.5° \leqslant G_n < 57.5°$ | 1.3 | 1.0 | 3.2 | 0.3 | 0.4 | 1.8 | 2.3 | 0.9 |
| | | $47.5° \leqslant G_n < 52.5°$ | 0.9 | 0.6 | 2.2 | 0.2 | 0.2 | 1.2 | 1.5 | 0.6 |
| | | $42.5° \leqslant G_n < 47.5°$ | 0.4 | 0.3 | 1.1 | 0.1 | 0.1 | 0.6 | 0.7 | 0.3 |
| | 春秋季 | $77.5° \leqslant G_n$ | 1.4 | 2.5 | 7.4 | 3.8 | 1.0 | 2.4 | 2.4 | 3.3 |
| | | $72.5° \leqslant G_n < 77.5°$ | 3.3 | 11.0 | 11.6 | 5.1 | 2.6 | 4.0 | 6.0 | 7.0 |
| | | $67.5° \leqslant G_n < 72.5°$ | 6.5 | 12.0 | 21.4 | 8.5 | 4.8 | 6.0 | 10.0 | 13.7 |
| | | $62.5° \leqslant G_n < 67.5°$ | 6.7 | 11.2 | 17.0 | 9.0 | 7.2 | 9.0 | 10.9 | 15.0 |
| | | $57.5° \leqslant G_n < 62.5°$ | 2.4 | 4.4 | 7.5 | 5.0 | 2.6 | 4.8 | 5.5 | 6.1 |
| | | $52.5° \leqslant G_n < 57.5°$ | 1.7 | 2.0 | 5.0 | 3.0 | 2.2 | 4.0 | 3.0 | 4.0 |
| | | $47.5° \leqslant G_n < 52.5°$ | 1.1 | 1.3 | 3.3 | 2.0 | 1.4 | 2.6 | 2.0 | 2.6 |
| | | $42.5° \leqslant G_n < 47.5°$ | 0.5 | 0.6 | 1.6 | 1.0 | 0.7 | 1.3 | 1.0 | 1.3 |

续表

| 传输距离 | 季节 | 位置($G_n$) | 01≤t<04 | 04≤t<07 | 07≤t<10 | 10≤t<13 | 13≤t<16 | 16≤t<19 | 19≤t<22 | 22≤t<01 |
|---|---|---|---|---|---|---|---|---|---|---|
| ≤2500km | 夏季 | 77.5°≤$G_n$ | 2.2 | 2.7 | 1.2 | 2.3 | 2.2 | 3.8 | 4.2 | 3.8 |
| | | 72.5°≤$G_n$<77.5° | 2.4 | 3.0 | 2.8 | 3.0 | 2.7 | 4.2 | 4.8 | 4.5 |
| | | 67.5°≤$G_n$<72.5° | 4.9 | 4.2 | 6.2 | 4.5 | 3.8 | 5.4 | 7.7 | 7.2 |
| | | 62.5°≤$G_n$<67.5° | 6.5 | 4.8 | 9.0 | 6.0 | 4.8 | 9.1 | 9.5 | 8.9 |
| | | 57.5°≤$G_n$<62.5° | 3.2 | 2.7 | 4.0 | 3.0 | 3.0 | 6.5 | 6.7 | 5.0 |
| | | 52.5°≤$G_n$<57.5° | 2.5 | 1.8 | 2.4 | 2.3 | 2.6 | 5.0 | 4.6 | 4.0 |
| | | 47.5°≤$G_n$<52.5° | 1.6 | 1.2 | 1.6 | 1.5 | 1.7 | 3.3 | 3.1 | 2.6 |
| | | 42.5°≤$G_n$<47.5° | 0.8 | 0.6 | 0.8 | 0.7 | 0.8 | 1.6 | 1.5 | 1.3 |
| >2500km | 冬季 | 77.5°≤$G_n$ | 1.5 | 2.7 | 2.5 | 0.8 | 0.0 | 0.9 | 0.8 | 1.6 |
| | | 72.5°≤$G_n$<77.5° | 2.5 | 4.5 | 4.3 | 0.8 | 0.3 | 1.6 | 2.0 | 4.8 |
| | | 67.5°≤$G_n$<72.5° | 5.5 | 5.0 | 7.0 | 1.9 | 0.5 | 3.0 | 4.5 | 9.6 |
| | | 62.5°≤$G_n$<67.5° | 5.3 | 7.0 | 5.9 | 2.0 | 0.7 | 4.0 | 4.5 | 10.0 |
| | | 57.5°≤$G_n$<62.5° | 1.6 | 2.4 | 2.7 | 0.6 | 0.4 | 1.7 | 1.8 | 3.5 |
| | | 52.5°≤$G_n$<57.5° | 0.9 | 1.0 | 1.3 | 0.1 | 0.1 | 1.0 | 1.5 | 1.4 |
| | | 47.5°≤$G_n$<52.5° | 0.6 | 0.6 | 0.8 | 0.1 | 0.1 | 0.6 | 1.0 | 0.5 |
| | | 42.5°≤$G_n$<47.5° | 0.3 | 0.3 | 0.4 | 0.0 | 0.0 | 0.3 | 0.5 | 0.4 |

路径中点本地时间 $t$

续表

| 传输距离 | 季节 | 位置($G_n$) | 01≤t<04 | 04≤t<07 | 07≤t<10 | 10≤t<13 | 13≤t<16 | 16≤t<19 | 19≤t<22 | 22≤t<01 |
|---|---|---|---|---|---|---|---|---|---|---|
| >2500km | 春秋季 | 77.5°≤$G_n$ | 1.0 | 1.2 | 2.7 | 3.0 | 0.6 | 2.0 | 2.3 | 1.6 |
| | | 72.5°≤$G_n$<77.5° | 1.8 | 2.9 | 4.1 | 5.7 | 1.5 | 3.2 | 5.6 | 3.6 |
| | | 67.5°≤$G_n$<72.5° | 3.7 | 5.6 | 7.7 | 8.1 | 3.5 | 5.0 | 9.5 | 7.3 |
| | | 62.5°≤$G_n$<67.5° | 3.9 | 5.2 | 7.6 | 9.0 | 5.0 | 7.5 | 10.0 | 7.9 |
| | | 57.5°≤$G_n$<62.5° | 1.4 | 2.0 | 3.2 | 3.8 | 1.8 | 4.0 | 5.4 | 3.4 |
| | | 52.5°≤$G_n$<57.5° | 0.9 | 0.9 | 1.8 | 2.0 | 1.3 | 3.1 | 2.7 | 2.0 |
| | | 47.5°≤$G_n$<52.5° | 0.6 | 0.6 | 1.2 | 1.3 | 0.8 | 2.0 | 1.8 | 1.3 |
| | | 42.5°≤$G_n$<47.5° | 0.3 | 0.3 | 0.6 | 0.6 | 0.4 | 1.0 | 0.9 | 0.6 |
| | 夏季 | 77.5°≤$G_n$ | 1.9 | 3.8 | 2.2 | 1.1 | 2.1 | 1.2 | 2.3 | 2.4 |
| | | 72.5°≤$G_n$<77.5° | 1.9 | 4.6 | 2.9 | 1.3 | 2.2 | 1.3 | 2.8 | 2.7 |
| | | 67.5°≤$G_n$<72.5° | 4.4 | 6.3 | 5.9 | 1.9 | 3.3 | 1.7 | 4.4 | 4.5 |
| | | 62.5°≤$G_n$<67.5° | 5.5 | 8.5 | 7.6 | 2.6 | 4.2 | 3.2 | 5.5 | 5.7 |
| | | 57.5°≤$G_n$<62.5° | 2.8 | 3.8 | 3.7 | 1.4 | 2.7 | 1.6 | 4.5 | 3.2 |
| | | 52.5°≤$G_n$<57.5° | 2.2 | 2.4 | 2.2 | 1.0 | 2.2 | 1.2 | 4.4 | 2.5 |
| | | 47.5°≤$G_n$<52.5° | 1.4 | 1.6 | 1.4 | 0.6 | 1.4 | 0.8 | 2.9 | 1.6 |
| | | 42.5°≤$G_n$<47.5° | 0.7 | 0.8 | 0.7 | 0.3 | 0.7 | 0.4 | 1.4 | 0.8 |

$L_i$ 为电离层吸收损耗,单位为 dB,表 3-7 给出的控制点数为 $k$,各个控制点上 100km 高度电子磁旋频率纵向分量的平均值为 $f_L$,第 $j$ 个控制点太阳天顶角为 $\chi_j$(当 $\chi_j \geq 102°$ 时,令 $\chi_j = 102°$),第 $j$ 个控制点本地时正午太阳天顶角为 $\chi_{j,\text{noon}}$,则 $L_i$ 的计算公式为

$$L_i = \frac{n(1+0.0067R_{12})\sec i_{110}}{(f+f_L)^2} \cdot \frac{1}{k}\sum_{j=1}^{k} AT_{\text{noon}} \frac{F(\chi_j)}{F(\chi_{j,\text{noon}})} \varphi_n\left(\frac{f_V}{\text{foE}}\right) \quad (3-33)$$

其中

$$f_V = f \cdot \cos(i_{100}), i_{110} \text{ 为 110km 的入射角}$$

$$AT_{\text{noon}} = a_0 + a_1 + a_2^2 + a_3^3 + a_4^4 + a_5^5 + a_6^6, a_0 \sim a_6 \text{ 随月份变化的常数}$$

$$F(\chi) = \max[\cos^p(0.881\chi), 0.02]$$

$$p = b_0 + b_1\mu + b_2\mu^2 + b_3\mu^3 + b_4\mu^4 + b_5\mu^5 + b_6\mu^6 + b_7\mu^7, b_0 \sim b_7 \text{ 随月份变化的常数}$$

$$\varphi_n\left(\frac{f_V}{\text{foE}}\right) = \begin{cases} \min(0.662 + 0.574x_1 + 0.129x_1^2 - 7.941 \times 10^{-2}x_1^3 \\ \quad + 0.374x_1^4 + 0.118x_1^5 - 0.274x_1^6, 1.56) & \left(0 \leq \frac{f_V}{\text{foE}} < 1\right) \\ \min(1.103 - 0.144x_2 + 0.159x_2^2 + 0.1x_2^3 \\ \quad - 7.941 \times 10^{-2}x_2^4 - 0.206x_2^5 + 0.126x_2^6, 1.56) & \left(1 \leq \frac{f_V}{\text{foE}} < 2.2\right) \\ 1.0754 - \frac{7.541 \times 10^{-3}f_V}{\text{foE}} & \left(2.2 < \frac{f_V}{\text{foE}} \leq 10\right) \\ 1 & \left(\frac{f_V}{\text{foE}} > 10\right) \end{cases}$$

$$x_1 = \frac{f_V/\text{foE} - 0.475}{0.475}$$

$$x_2 = \frac{f_V/\text{foE} - 1.65}{0.55}$$

从计算各传播模式场强中值选出两个强的 E 层模式与三个强的 F2 层模式的场强中值进行功率叠加得合成接收场强中值

$$E_{\text{ts}} = 10\lg\sum_{w=1}^{5} 10^{\frac{E_{\text{tw}}}{10}} \quad (\text{dB}(\mu\text{V/m})) \quad (3-34)$$

2)超过 9000km 的路径传播

将路径按照不超过 4000km 的跳距平均分成最少 $n$ 份,合成场强中值可表示为

$$E_{\text{tl}} = E_0\left\{1 - \frac{(f_M + f_H)^2}{(f_M + f_H)^2 + (f_L + f_H)^2}\left[\frac{(f_L + f_H)^2}{(f + f_H)^2} + \frac{(f + f_H)^2}{(f_M + f_H)^2}\right]\right\} \quad (3-35)$$
$$- 36.4 + P_t + G_{\text{tl}} + G_{\text{ap}} - L_y$$

式中:$E_0$ 为 3MW 全向有效辐射功率的自由空间场强,可表示为

$$E_0 = 139.6 - 20\lg p' \quad (\text{dB}(\mu\text{V/m})) \tag{3-36}$$

式中：$p'$ 为天波射线斜距(km)，可表示为

$$p' = 2R_0 \cdot \sum_1^n \left[ \frac{\sin(d_n/2R_0)}{\cos(\Delta + d_n/2R_0)} \right] \tag{3-37}$$

式中：$R_0$ 为地球半径；$\Delta$ 为辐射仰角(°)，可表示为

$$\Delta = \text{arctg}\left[ \text{ctg}\left(\frac{d_n}{2R_0}\right) - 0.955 \cdot \csc\left(\frac{d_n}{2R_0}\right) \right] \tag{3-38}$$

式(3-35)中：$G_{t1}$ 为发射天线在所需方位角上仰角在 $0\sim8°$ 范围内的最大增益(dB)；$G_{ap}$ 为聚焦于长距离的场强增长值，由式(3-39)给出，当 $D$ 为 $\pi R_0$ 的若干倍*，取 15dB。

$$G_{ap} = 10\log\left[ \frac{D}{R_0 |\sin(D/R_0)|} \right] \tag{3-39}$$

式(3-35)中：$L_y$ 为天波传播效应参量，建议值为 $-3.7$dB；$f_H$ 为以表 3-7 各控制点求得的各电子磁旋频率的平均值；$f_M$ 为最高参考频率，分别以指定两控制点用式(3-40)求得 $f_M$，取二者中的较低的值。

$$f_M = \left\{ 1.2 + W\frac{f_g}{f_{g,\text{noon}}} + X\left[ \left(\frac{f_{g,\text{noon}}}{f_g}\right)^{1/3} - 1 \right] + Y\left(\frac{f_{g,\text{min}}}{f_{g,\text{noon}}}\right)^2 \right\} \cdot f_g \tag{3-40}$$

式中：$f_g$ 为 MUF(4000)F2 ($=$ foF2M(3000)F2 $\cdot$ 1.1)；$f_{g,\text{noon}}$ 为当地时间中午的 $f_g$ 值；$f_{g,\text{min}}$ 为 24h 中 $f_g$ 的最小值；加权系数 $W$、$X$、$Y$ 确定以全路径中点确定大圆路径方位，利用该方位角在东西和南北之间做线性插值，如表 3-9 所列。

表 3-9 $f_M$ 公式中所用的 $W$、$X$、$Y$ 值

| 加权系数 | $W$ | $X$ | $Y$ |
| --- | --- | --- | --- |
| 东-西 | 0.1 | 1.2 | 0.6 |
| 南-北 | 0.2 | 0.2 | 0.4 |

式(3-35)中：$f_L$ 为最低参考频率，可表示为

$$f_L = \left\{ 5.3 \times I \left[ \frac{(1 + 0.009R_{12}) \sum_1^{2n} \cos^{1/2}\chi}{\cos i_{90} \ln\left(\frac{9.5 \times 10^6}{p'}\right)} \right]^{1/2} - f_H \right\} \cdot A_w \tag{3-41}$$

式中：$i_{90}$ 为 90km 高度处的入射角；$\chi$ 为对射线途径 90km 高的各点的 $\chi$；$I$ 值如表 3-10 所示；$A_w$ 为冬季异常因子，其以路径中点位置确定，在地理纬度 $0\sim30°$ 和 $90°$ 为 1，在 $60°$ 达到最大值，如表 3-11 所列，在中间纬度可线性插值求得。

$f_L$ 的值一直计算到 $t_r$，即 $f_L \leq 2f_{LN}$，$f_{LN}$ 可表示为

$$f_{LN} = \sqrt{D/3000} \;(\text{MHz}) \tag{3-42}$$

以后的3小时 $f_L$ 由(3-43)计算得到：

$$f_L = f_{LN} \cdot \exp(-0.23t) \qquad (3-43)$$

式中：$t$ 为 $t_r$ 之后的小时。以后的小时取 $f_L = f_{LN}$ 直到式(3-42)给出较高的值。

表3-10 $f_L$ 公式中所用的 $I$ 值

| 地理纬度 | | 月份 | | | | | | | | | | |
|---|---|---|---|---|---|---|---|---|---|---|---|---|
| A端 | B端 | 1 | 2 | 3 | 4 | 5 | 6 | 7 | 8 | 9 | 10 | 11 | 12 |
| >35°N | >35°N | 1.1 | 1.05 | 1 | 1 | 1 | 1 | 1 | 1 | 1 | 1 | 1.05 | 1.1 |
| >35°N | 35°N~35°S | 1.05 | 1.02 | 1 | 1 | 1 | 1 | 1 | 1 | 1 | 1 | 1.02 | 1.05 |
| >35°N | >35°S | 1.05 | 1.02 | 1 | 1 | 1.02 | 1.05 | 1.05 | 1.02 | 1 | 1 | 1.02 | 1.05 |
| 35°N~35°S | 35°N~35°S | 1 | 1 | 1 | 1 | 1 | 1 | 1 | 1 | 1 | 1 | 1 | 1 |
| 35°N~35°S | >35°S | 1 | 1 | 1 | 1 | 1.02 | 1.05 | 1.05 | 1.02 | 1 | 1 | 1 | 1 |
| >35°S | >35°S | 1 | 1 | 1 | 1 | 1.05 | 1.1 | 1.1 | 1.05 | 1 | 1 | 1 | 1 |

表3-11 冬季异常因子 $A_w$ 值

| 半球 | 月份 | | | | | | | | | | | |
|---|---|---|---|---|---|---|---|---|---|---|---|---|
| | 1 | 2 | 3 | 4 | 5 | 6 | 7 | 8 | 9 | 10 | 11 | 12 |
| 北 | 1.30 | 1.15 | 1.03 | 1 | 1 | 1 | 1 | 1 | 1 | 1.03 | 1.15 | 1.30 |
| 南 | 1 | 1 | 1 | 1.03 | 1.15 | 1.30 | 1.30 | 1.15 | 1.03 | 1 | 1 | 1 |

3）介于7000~9000km的路径传播

在这个距离范围,天波场强中值 $E_{ti}$ 利用 $E_{ts}$ 和 $E_{tl}$ 进行内插得到

$$E_{ti} = 100\lg 10 X_i \qquad (3-44)$$

其中

$$X_i = X_s + \frac{D-7000}{2000}(X_l - X_s)$$

$$X_s = 10^{0.01 E_{ts}}$$

$$X_l = 10^{0.01 E_{tl}}$$

# 第 4 章

# HF 通信选频体系优化与 AI 技术助力应用方向

本章将围绕"如何利用 AI 技术助力 HF 通信选频"这一核心展开。首先,本章简要回顾了人工智能技术的起源、技术发展及其重点研究方法。然后,结合下一代 HF 通信系统及用频特点,指出了面向 HF 智能通信选频的研究方向,进而在 ITU-R 方法的基础上提出了增强的 HF 通信选频体系;最后,基于增强的 HF 选频体系,瞄准"AI 助力 HF 通信选频"这一目标,分析了 AI 领域中统计机器学习和混沌智能计算两类技术,提出了 AI 助力 HF 通信选频的具体实施方案,为后续章节的研究指明具体方向。

## 4.1 人工智能的技术发展与研究方法

本节将重点分析人工智能技术的起源、发展历程和研究方法,围绕未来智能 HF 通信选频,为人工智能与通信选频的融合提供技术基础。

### 4.1.1 人工智能的起源与发展

人工智能是研究、开发用于模拟、延伸和扩展人的智能的理论、方法、技术及应用系统的一门前沿技术科学,它融合了计算机科学、统计学、脑神经学和社会科学等学科。

1956 年,计算机专家约翰·麦卡锡在达特茅斯学院举办的一次会议上第一次提出了"人工智能"一词,标志着人工智能的诞生。人工智能发展史如图 4-1 所示,经历了数十年发展,人工智能的理论和技术日益成熟,应用领域也不断扩大,已融入科技、通信、教育、医疗等各个领域的发展。

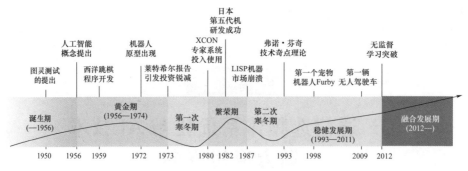

图 4-1 人工智能发展史

## 4.1.2 人工智能重点研究方向

当前,人工智能和大数据、云计算共同构成了 21 世纪第二个十年的技术主旋律。人工智能主要研究方向如图 4-2 所示,人工智能的主要研究领域覆盖了符号智能、计算智能、机器学习以及机器感知等不同方向。

图 4-2 人工智能主要研究方向

### 4.1.2.1 符号智能

符号智能(Symbolic Intelligence,SI)是经典人工智能,是人工智能的重要分支。SI 方法是在逻辑学、形式语言理论、离散数字等领域基础上发展起来。SI 试图精确阐释和展示事实和规则等人类知识,其特征是基于知识的问题推理求解过程,其典型代表为专家系统。符号智能可以认为是有能力运算符号的机器,基于逻辑推理的智能模拟方法模拟人的智能行为,其原理主要为物理符号系统假设和有限合理性原理。符号智能曾长期一枝独秀,为人工智能的发展做出了重要贡献,尤其是专家系统的成功开发与应用,为人工智能走向工程应用和实现理论联系实际具有特别重要的意义。符号智能方法有三个特点：

（1）表示智能的模型可用显式的方式定义；

（2）该模型中的知识是以符号方式来表示；

（3）模型操作可描述为对属于知识模型的符号表达式和结构形式的操作。

SI 可以分别两类方法：一是定义知识表示和智能操作的通用方法，该类方法包括认知仿真和基于逻辑的推理；二是基于领域知识的表示方法，该类方法包括基于规则的知识表示、结构化知识表示和基于数学语言学的方法。

#### 4.1.2.2 计算智能

计算智能（Computational Intelligence，CI）的定义是 1992 年学者 Bezdek 提出的，他认为，CI 取决于制造者提供的数值数据，不依赖于知识。人工神经网络归类于计算智能，故可称为计算神经网络，有时也将其归类于机器学习中的深度学习方法中。进化计算、人工生命和模糊逻辑系统的某些课题，也都归类于计算智能。当一个系统只涉及数值（低层）数据，含有模式识别部分，且呈现出计算适应性、计算容错性、接近人的速度、误差率与人相近，则该系统就是计算智能系统。CI 方法的共同特征如下：一是数字信息是知识表示的基础；二是知识处理主要基于数值计算；三是知识通常不以明确的方式表示。

如图 4-3 所示，CI 方法主要包括：神经计算、模糊计算、进化计算（主要指遗传算法、蚁群算法、免疫算法、粒子群算法等）以及混沌计算、量子计算等算法。

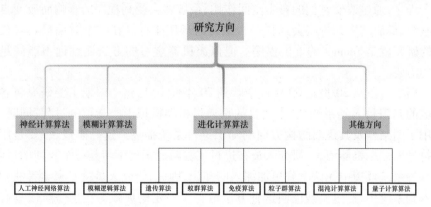

图 4-3 计算智能主要研究方向

CI 方法的特点如下：

（1）智能性，算法的自适应性、自组织性，算法不依赖于问题本身的特点，具有通用性；

（2）并行性，算法基本上是以群体协作的方式对问题进行优化求解，非常适合大规模并行处理；

(3)健壮性,算法具有很好的容错性,同时对初始条件不敏感,能在不同条件下寻找最优解。

#### 4.1.2.3 机器学习

机器学习(Machine Learning,ML)是人工智能及模式识别领域的共同研究热点,是人工智能中最具智能特征,最前沿的研究领域之一,其理论和方法已广泛应用于解决工程应用和科学领域的复杂问题,其目的是怎样使用计算机模拟或实现人类学习活动,通常用数据或以往的经验优化计算机程序的性能,是对能通过经验自动改进的计算机算法研究的一个学科。机器学习是一门多领域交叉学科,涉及概率论、统计学、近似论、复杂理论等多门学科,使用计算机作为工具并致力于真实实时的模拟人类学习方式,并将现有内容进行知识结构划分来有效提高学习效率。机器学习是人工智能的核心,是使计算机具有智能的根本途径。

17世纪起源的贝叶斯、马尔可夫链等成为了机器学习广泛使用的工具和基础。1950年至21世纪初,机器学习取得了巨大进展,这一时期机器学习的研究目标和途径不尽相同,整体上可划分为四个阶段。

第一阶段是20世纪50年代中叶到60年代中叶,这个时期主要研究"有无知识的学习"。这类方法主要是研究系统的执行能力。这个时期,主要通过对机器的环境及其相应性能参数的改变来检测系统所反馈的数据,就好比给系统一个程序,通过改变它们的自由空间作用,系统将会受到程序的影响而改变自身的组织,最后这个系统将会选择一个最优的环境生存。在这个时期最具有代表性的研究就是Samuet的下棋程序。但该类机器学习的方法还远远不能满足人类的需要。

第二阶段从20世纪60年代中叶到70年代中叶,这个时期主要研究将各个领域的知识植入到系统里,主要目的是通过机器模拟人类学习的过程;同时,还采用了图结构及其逻辑结构方面的知识进行系统描述。这一阶段,主要是用各种符号来表示机器语言,研究人员在进行实验时意识到学习是一个长期的过程,从这种系统环境中无法学到更加深入的知识,因此,研究人员将专家学者的知识加入到系统里,经过实践证明这种方法取得了一定的成效。在这一阶段具有代表性的工作有Hayes-Roth和Winson的对结构学习系统方法。

第三阶段从20世纪70年代中叶到80年代中叶,称为复兴时期。在此期间,人们从学习单个概念扩展到学习多个概念,探索不同的学习策略和学习方法,且在本阶段已开始把学习系统与各种应用结合起来,并取得很大的成功。同时,专家系统在知识获取方面的需求也极大地刺激了机器学习的研究和发展。在出现第一个专家学习系统之后,示例归纳学习系统成为研究的主流,自动知识获取成为机器学习应用的研究目标。1980年召开的第一届机器学习国际研讨会标志着机器学习研究在全世界兴起。1984年 Machine Learning 文集出版以及 Machine Learning 杂志创刊表明机器学习正在突飞猛进的发展。这一阶段代表性工作包括 Mostow 的指导式学习、Lenat 的数学概念发现程序、Langley 的 BACON 程序及其改进程序等。

第四阶段20世纪80年代中叶,是机器学习的全新发展阶段。这个时期的机器学习具有如下特点:

(1) 机器学习已成为新的学科,它综合应用了心理学、生物学、神经生理学、数学、自动化和计算机科学等形成了机器学习理论基础;

(2) 融合了各种学习方法,且形式多样的集成学习系统研究正在兴起;

(3) 机器学习与人工智能各种基础问题的统一性观点正在形成;

(4) 各种学习方法的应用范围不断扩大,部分应用研究成果已转化为产品;

(5) 与机器学习有关的学术活动空前活跃。

2010年 Leslie Vlliant 建立了概率近似正确(Probably Approximate Correct,PAC)学习理论,2011年 Judea Pearll 建立了以概率统计为理论基础的人工智能方法,上述研究成果促进了机器学习的发展和繁荣。近十几年来,机器学习领域的研究工作发展很快,不仅在基于知识的系统中得到应用,而且在自然语言理解、非单调推理、机器视觉、模式识别等许多领域也得到了广泛应用。机器学习历经70年的曲折发展,以深度学习为代表借鉴人脑的多分层结构、神经元的连接交互信息的逐层分析处理机制,自适应、自学习的强大并行信息处理能力,在很多方面收获了突破性进展,其中最有代表性的是图像识别领域。

机器学习的研究主要分为两类研究方向:第一类是传统机器学习的研究,该类研究主要是研究学习机制,注重探索模拟人的学习机制;第二类是大数据环境下机器学习的研究,该类研究主要是研究如何有效利用信息,注重从巨量数据中获取隐藏的、有效的、可理解的知识。传统机器学习的研究方向主要包括决策树、随机森林、人工神经网络、贝叶斯学习等方面的研究。大数据环境下的机器学习算法,依据一定的性能标准,对学习结果的重要程度可以予以忽视,采用分布式和并行计算的方式进行分治策略的实施,可以规避掉噪音数据和冗余带来的干扰,降低存储耗费,同时提高学习算法的运行效率。

#### 4.1.2.4 机器感知

机器感知(Machine Cognition,MC)是一连串复杂程序所组成的大规模信息处理系统,信息通常由很多常规传感器采集,经过这些程序的处理后,会得到一些非基本感官能得到的结果。

MC 主要研究如何用机器或计算机模拟、延伸和扩展人的感知或认知能力,用于实现机器视觉、机器听觉、机器触觉等,如图 4-4 所示,其中机器视觉主要研究方向包括文字、图像等识别,机器触觉包括触觉模式识别、触觉融合等,机器听觉包括语音识别、自然语言理解等。MC 的主要应用有文字识别机、工程感觉装置、智能仪表等。

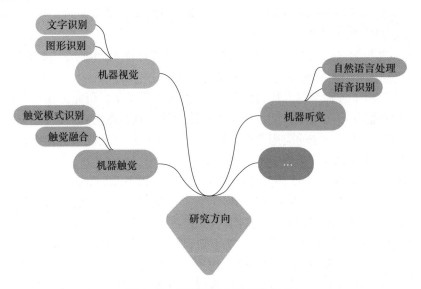

图 4-4 机器感知主要研究方向

## 4.2 面向智能 HF 通信系统的选频体系

根据 HF 通信选频方法的特点,本节将重点分析未来智能 HF 通信选频的技术需求,并据此建立增强的智能 HF 通信选频体系,为后续章节的具体的方法研究提供依据。

### 4.2.1 未来 HF 通信选频的研究方向

综合分析 4.1 节所述的 ITU-R HF 通信选频方法特点,结合下一代 HF 通信系统的智能化、精细化要求,对于 HF 通信系统选频,可从如下四个方面开展研究。

(1) 将智能处理的新理论、新技术和新方法引入至 HF 通信选频中。

认知理念以及机器学习、智能计算等人工智能理论或方法的成熟及其在电子信息系统的成功应用,理应成为推动 HF 通信及其选频智能化和精细化的助力器。HF 通信智能选频可以类比为一个完整的生物认知过程,智能 HF 通信选频与生物认知对应关系如图 4-5 所示。电离层和通信信道的感知过程可看成为生物的感觉过程,机器学习、智能计算以规则推理的过程可看成是生物的思考、推理过程,在此基础上的适应性处理和效果评估可看成是生物对问题的解答和判断,最后建立的电离层参数模型和通信选频模型可看成是生物的记忆过程。对于 HF 通信选频的重要基础——电离层特征参数,源于该参数的时变特性为非线性时间序列,因此,可利用统计机器学习、混沌动力预测等 AI 方法进行智能认知处理,以实现此类参数的预测或预报,进而为 HF 通信选频能力的提升和 HF 通信效能的增强提供强有力的支撑。

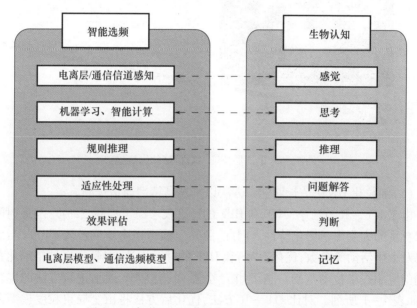

图 4-5 智能 HF 通信选频与生物认知对应关系

(2)持续提升电离层特征参数长期预测方法精度,进而实现 HF 通信精细化选频。

由于 ITU-R 和 IRI 等国际成熟模型为全局模型,对于电离层短期的变化并不能有效地反映,同时因建模过程中缺少可用数据,故不完全符合我国及邻近区域的电离层变化规律,在该区域下精度急待于进一步提升。与全球电离层模型相比,区域电离层模型总体上得到更好的结果,与观测结果更好地吻合。电离层特征参数模型的发展趋势如图 4-6 所示,近期科学界更多的关注了区域模型的发展,而非全球模型,这是源于区域模型能够在建模区域内提供更精确的电离层表示。因此,急需建立区域精细化的电离层模型,以满足 HF 通信系统区域精细化频率规划的应用需求。

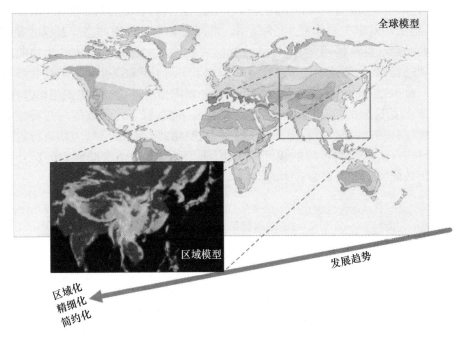

图 4-6 电离层特征参数模型的发展趋势

(3) 细粒化 HF 通信长期选频方法以实现高精度通信选频。

由于 ITU-R 方法中 OWF 和 HPF 的计算仅考虑了控制点纬度、当地时间以及粗粒度的太阳黑子变化特性。因此，急需全面考虑全空间位置、年度、当地时间以及太阳活动等参数，优化 OWF 和 HPF 的计算方法，为特定区域精细化系统规划的应用提供技术基础。基于如上考虑，可得到 HF 通信选频方法的优化方向，如表 4-1 所列。对比 ITU-R 方法，优化后方法将由全局粗粒度模型向区域细粒度模型发展，OWF 和 HPF 计算方法将考虑更多的环境效应，同样也将向细粒度发展，目标是获取更高精度的可用频段和优质频段的预测结果。

表 4-1 HF 通信选频方法优化方向

| 对比项 | ITU-R 方法 | 优化方向 |
| --- | --- | --- |
| MUF 计算方法 | 全局粗粒度 | 区域细粒度 |
| OWF/HPF 计算方法 | 纬度效应<br>昼夜效应<br>四季效应<br>三级式太阳黑子影响效应 | 考虑经度效应并细化空间效应<br>昼夜效应<br>联合考虑太阳活动和季节效应<br>联合太阳黑子和射电流量的影响效应 |

(4) 建立行之有效的电离层特征参数和 HF 通信选频短期预报方法。

电离层特征参数和 HF 通信可用频率的长期预测方法对电离层短期变化和

HF 通信信道以及可用频率短时效应并不能有效地反映。HF 通信频率长期预测与短期预报方法如图 4－7 所示,与长期预测方法相比,短期预报方法能够提供小时级的电离层特性变化特性及其对应的可用频率预报结果,这无疑可为智能动态的通信频率优化提供支撑。

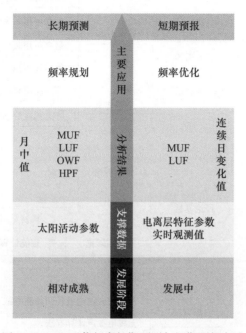

图 4－7　HF 通信频率长期预测与短期预报方法

## 4.2.2　增强的智能 HF 通信选频体系

根据 4.2.1 节分析得到的研究方向,可对现有 HF 通信选频技术体系进行优化设计。增强 HF 通信选频技术体系如图 4－8 所示,基于当前 HF 通信选频技术体系,增强的体系可进行如下方面的优化。

(1)基于研究方向 1——高频通信频率短期预报。

在 HF 通信选频基础理论中引入人工智能的理论,特别是机器学习和智能计算等理论,用以优化可用频率长期预测模型、建立短期预报方法。研究方向 2(机器学习)和研究方向 3(智能计算)是对原体系所包含方法的提升,虽未改变原有体系,但需借助 AI 方法实现区域精细化长期预测。

(2)基于研究方向 4——电离层特征参数短期预报方法。

补充 HF 通信频率短期预报方法的技术内涵,即定义 HF 通信频率短期预报方法为,"在给定的时间和工作条件下,预报给定终端间通过电离层传播的未来

1h 或数小时,抑或数天的 LUF 和 MUF"。同时,基于上述技术内涵,研究 HF 通信频率短期预报模型,包括电离层特征参数的短期预报方法以及 HF 通信 MUF 的短期预报方法,用以满足 HF 通信频率短期优化和动态管理的需求。

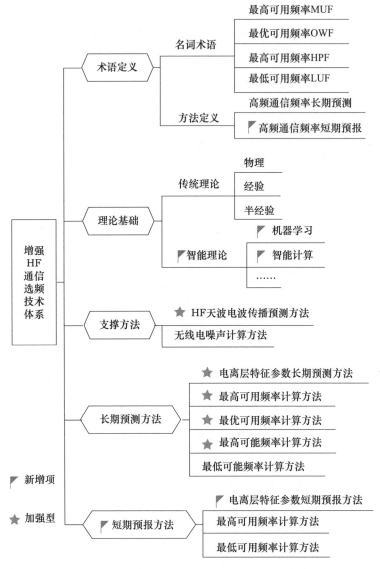

图 4-8 增强 HF 通信选频技术体系

综上分析,面向未来的下一代 HF 通信系统中的选频方法可以借助 AI 成熟技术实现,所以,在 4.3 节将重点分析 AI 技术及将用于助力 HF 通信选频的具体方向,为后续章节的研究提供具体方向。

## 4.3 AI 技术发展及助力 HF 通信选频方向

本节结合机器学习和智能计算等方法的特点,提出了利用统计机器学习和混沌动力预测方法助力 HF 通信选频的具体方向。

### 4.3.1 AI 助力 HF 通信选频的方案

人工智能技术的进展正在牵引通信系统的发展,在过去的十余年中认知无线电技术的巨大研究成果赋予了无线电设备以类人脑的方式。未来,随着人工智能必将更深融入新一代 HF 通信系统,因此,如何应用人工智能方法助力 HF 通信是当前和未来一段时间内的重点发展方向,这发展趋势事必将催生了智能化、细粒度、高精度的频率优选方法。从面向智能 HF 通信系统选频增效这一需求出发,充分分析 AI 研究方向和技术特点,找出 AI 技术与 HF 通信选频技术的结合点,AI 助力 HF 通信选频的思路如图 4-9 所示。

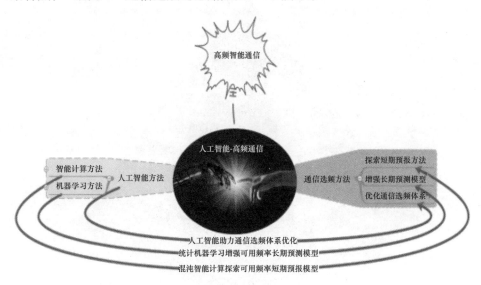

图 4-9　AI 助力 HF 通信选频的思路

考虑电离层 F2 层是 HF 通信的重要媒介之一,而且 F2 层的变化、电波传播机理,以及对无线电信号的影响更为复杂,所以,本书将围绕 F2 特征参数建模和可用频率预测预报方法,结合 AI 技术特点及其助力方向展开深入研究。具体包括如下四个方面。

(1)利用统计机器学习方法,建立亚洲区域 HF 通信信道上边界——电离层核心参数 foF2 的高精度的长期预测模型,用于支撑 HF 通信频率长期预测精度的提升。

(2)沿用统计机器学习方法,建立亚洲区域 HF 通信 MUF、OWF 和 HPF 的细粒度增强型长期预测模型,实现精细化 HF 通信可用频段和优质频率的高效选择。

(3)利用基于 Volterra 滤波器的混沌序列自适应预测方法,建立 HF 通信信道上边界电离层核心参数 foF2 的短期预报模型,用于支撑 HF 通信可用频率短时优选。

(4)结合自适应混沌动力预测和基于地磁坐标的改进曲面样条插值理论,建立 HF 通信 MUF 短期预报模型,实现动态、实时、高精度的 HF 通信可用频率的优选。

进一步可确定的 HF 选频技术体系如图 4-10 所示。

图 4-10  HF 智能通信选频增效体系架构

(1)数据基础:亚洲地区数十个站点电离层核心参数的观测数据。上述研究的数据基础是 HF 通信信道测量数据,重点是 HF 通信信道上边界——电离层的观测数据。本书考虑亚洲地区的战略性,以及电离层在此区域变化的复杂性,故将亚洲区域作为研究对象。这一选择也是考虑该区域覆盖了高、中、低纬度地区,具有明显的典型性。

(2)选用的理论与方法:一是人工智能理论和统计机器学习方法,二是混沌动力学理论及混沌预测方法,分别用于可用频率长期预测模型的改进和短期预报模型的建立。

(3)技术途径:通过 HF 通信环境感知,借助选用的人工智能理论与方法实现通信信道特性的预测预报,进而完成 HF 通信可用频段和优质频率的优选,用以支撑 HF 通信系统增效,推动新一代智能 HF 通信系统的发展。

在 AI 理论,特别是在机器学习和智能计算技术的推动下,必然催生智能 HF 通信系统快速发展。针对 HF 通信选频体系来说,智能理论促进了体系的完善,同时机器学习和混沌计算必然会使通信选频更加精准、通信性能更加可靠。AI 助力 HF 通信选频成效如图 4-11 所示,伴随着 HF 通信系统的发展、通信信道观测手段的完成以及智能技术的突破,AI 作为一种赋能器将推动当前的 HF 通信系统向更智能、更高效的方向发展。

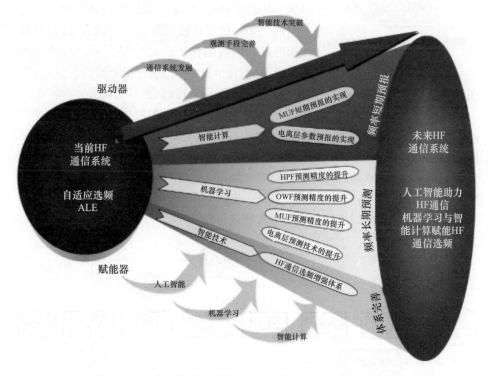

图 4-11 AI 助力 HF 通信选频成效

### 4.3.2 AI 助力 HF 通信选频的技术

4.3.1 节已指明本书将利用统计机器学习和混沌动力预测助力 HF 通信选频技术,因此,本节回顾两类方法的技术内涵、方法特点及应用流程等,结合 HF 通信选频中的应用来说明选用两类方法的具体原因。

#### 4.3.2.1 统计机器学习

图 4-12 统计机器学习与人工智能的关系

统计机器学习(Statistical Machine Learning,SML)是人工智能领域一个重要分支和研究热点(统计机器学习与人工智能的关系如图 4-12 所示),是涵盖概率论知识、统计学知识和复杂算法知识的一门多学科交叉专业。传统统计学更加偏向于纯粹的数学或理论,机器学习则偏向于数学与计算机的交叉,统计理论往往需要通过学习的研究来转化成有效的算法。可以说,统计机器学习是利用数据和统计方法提高系统性能的机器学习,对比人工神经网络等黑箱式运算方式,统计机器学习的模型参数往往是可解释的、更易于理解,更具有优势。

统计机器学习作为工具,其目的致力于模拟人类学习过程,建立输入到输出间的算法映射,利用统计学习中改善具体算法的性能。预测是运用建立的映射分析得到已知输入对应的输出。统计机器学习过程如图 4-13 所示,统计机器学习的过程是基于对数据的初步认识以及学习目的的分析,选择合适的数学模型,拟定超参数,并输入样本数据,依据一定的策略,运用合适的学习算法对模型进行训练,最后运用训练好的模型对数据进行预测。

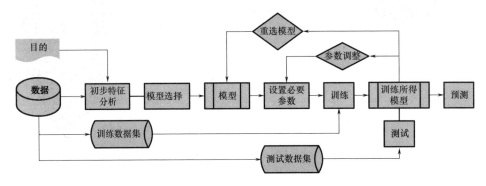

图 4-13 统计机器学习过程

统计机器学习过程需解决如下问题。

(1)需要什么数据?训练的数据应是具有某种共同性质的同类数据,统计机器学习的前提是假设同类数据具有一定的统计规律性,模型就是来体现这一规律性。

(2)模型如何选择?模型可以简单理解为一种映射或函数。统计学习是从所有模型集合的假设空间中找到某一确定的最优模型;学习前假设空间应是预先确定,假设空间的确定意味着学习范围的确定。

(3)模型如何确定?机器学习的方法可分为监督学习、半监督学习、无监督学习和强化学习等。统计机器学习多采用监督学习,监督学习的任务就是通过学习得到模型对应算法。若输入和输出均为连续变量,则称为回归问题,学得的模型称为回归模型。若输出为离散变量,则称为分类问题,学得的模型称为分类概率模型。

(4)模型如何评价?在寻找最优模型解的过程中,需要对假设空间里的所有模型定义一个通用评价标准,然后由最优化的算法根据评价准则从假设空间中选出最优的模型。

统计机器学习过程是解决上述问题的过程,在这个过程中,包含三个要素。

(1)模型(Model):模型选择是统计机器学习最为关键的部分,建模的过程需要深刻明确学习目的,了解模型的理论、优缺点以及数据的特征基础上完成。在未进行训练前,其可能的参数是多个甚至无穷的,故可能的模型也是多个甚至无穷的,这些模型构成的集合称为假设空间。

(2)策略(Strategy):是指从假设空间中挑选出参数最优的模型的准则。模型的预测结果与实际结果的误差越小,模型就越好;换言之,策略就是误差最小,通常可取均方根误差或统计平均误差等。

(3)算法(Algorithm):是指学习模型的具体计算方法。统计学习基于训练的数据集,首先根据学习策略从假设空间中选出最优的模型,其次考虑的是用什么样的方法求解最优模型,最后是在已知代价函数的基础下求解模型参数。如最小二乘(Least Squares,LS)回归分析法等。

统计机器学习体系结构如图 4-14 所示,可以看出:统计机器学习是以数据驱动的方法,是数据处理与建模的有效方法,这一点正是 HF 通信信道——电离层特征参数建模所需要的。在有限数据集选取的基础上,依次确定学习模型、学习策略以及学习算法,最终通过学习训练找出最优模型,用于预测数据的未来状态。

#### 4.3.2.2 混沌动力预测

混沌理论是被誉于 20 世纪自然科学中三大革命之一的非线性科学的重

要分支主题,它解释了决定系统可能产生的随机结果,其最大的贡献是可以用简单的模型获得明确的非周期结果。混沌动力学发展历程如图 4 – 15 所示,自混沌现象的发现、到混沌理论的形成、再到混沌理论的应用,已经历百余年的发展。

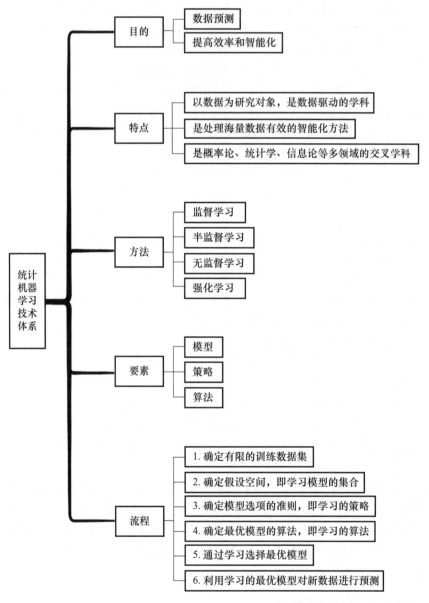

图 4 – 14  统计机器学习技术体系

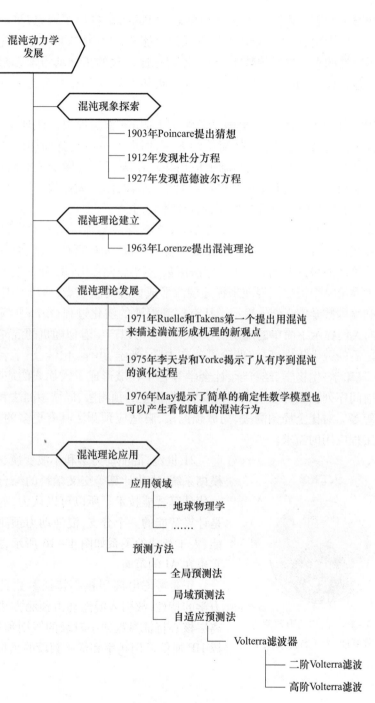

图 4-15 混沌动力学发展历程

1903 年,混沌探索先驱、混沌数学之父 Poincare 提出了猜想:将动力学系统与拓扑学两大领域结合,指出混沌存在的可能性,从而成为世界上最先了解存在混沌可能性的人。之后的数十年,学者们把庞加莱的拓扑动力学思想进行了推广至其他领域,如电学领域,分别于 1912 年和 1927 年得到杜分方程和范德波尔方程。

1963 年"混沌学之父"美国气象学家 Lorenze 首次提出混沌理论,第一次给出了混沌的定义"混沌绝不是简单的无序,而更像是不具备周期性和其他明显对称特征的有序态"。在此基础上应用该理论进行了气候变化的研究,明确的描述了对初始条件具有敏感性的混沌特性,即著名的"蝴蝶效应"。可以说是为天气预报和气象学的研究扣开了混沌学的大门。

20 世纪 70 年代,经济学、生态学、天文学等诸多领域的科学家都发现在各自的领域内均存在着混沌现象,如股票价格升降、物种群体增减、银河系星体的簇集等等。值得提及的是:1971 年法国数学物理学家 Ruelle 和荷兰学者 Takens 在学术界第一个提出用混沌来描述湍流形成机理的新观点;1975 年中国学者李天岩和美国数学家 Yorke 揭示了从有序到混沌的演化过程;1976 年美国生物学 May 向人们提示了简单的确定的数学模型也可以产生看似随机的混沌行为。

之后的数十年中,混沌理论迅速在力学、光学、声学、化学、医学、物理学、天文学、气象学、生物学、经济学、社会学等各个领域形成了雪崩式的应用。同时,混沌时间序列预测方法也在不断发展,包括全局预测法、局域预测法和自适应预测法等等。对比全局预测法、局域预测法,自适应预测法具有更多的优点,更能满足工程应用的需求。

图 4-16 混沌动力预测与计算智能、人工智能的关系

21 世纪,混沌动力学和小波变换、神经网络、模糊系统、进化计算等交叉学科的综合集成为新一代计算智能技术。所以可以认为,混沌动力学是计算智能的一个分支,混沌动力预测与计算智能、人工智能的关系如图 4-16 所示,广义来讲,它也在 AI 的范畴。

正是考虑电离层核心特征参数具有混沌动力学的特性,故引入混沌动力预测方法实现了电离层核心特征参数的小时级的短期预报,用于支撑 HF 通信可用频率和优质频段的预报。

# 第 5 章

# 统计机器学习重建电离层参数 foF2 长期预测模型

本章重点阐述电离层参数 foF2 亚洲区域的精细化长期预测模型,这是 HF 通信频率预测的关键参数,是第 6 章的研究基础。本章首先结合 SML 方法建模流程,确定统计学习的要素及 foF2 建模需解决的问题,提出 foF2 预测模型重建思路和具体步骤;接着详细说明训练数据的选取,并依次确定 foF2 周年动态变化、空间动态变化和昼夜动态变化映射及其参数;最后,将建立的 foF2 长期预测模型与国际参考电离层模型预测结果进行了对比,以证实模型有效性和可靠性。

## 5.1 基于 SML 的建模思路

众所周知,HF 通信频率是电离层特征参数的映射,而电离层是一种时变色散信道,其特点是路径损耗、时延散布、噪声和干扰等都随频率、地点、季节、昼夜的变化不断变化。因此,准确预测或预报电离层特征参数是 HF 通信频率优选的重要前提。考虑电离层 F2 层是 HF 通信的重要媒介之一,而且 F2 层的变化及无线电传播机理及效应更加复杂,所以为了提高 foF2 的预测精度,在此引入 SML 理念,利用亚洲区域观测数据重建了一种新的长期预测模型。SML 重建电离层参数模型要点如图 5-1 所示,重建电离层参数 foF2 模型首先是解决统计机器学习的四个问题。

(1)学习所需的数据:亚洲区域站点的 foF2 观测数据;

(2)学习所需的模型:利用 EOF 理论建立的电离层参数时、空动态变化的函数映射;

(3)模型确定的方法:利用 LS 准则下的回归分析方法确定模型及其对应的相关系数;

(4)模型评价的准则:利用均方根误差及其扩展统计量对模型进行评价。

综上可以看出,利用 SML 重建电离层特征参数 foF2 模型的三要素如下。

(1)模型选用 EOF 模型。

该方法也称特征向量分析或者主成分分析法,是 Pearson 于 1901 年提出的一种有效的经验建模方法,也是一种能够分析矩阵数据结构特征、提取主要数据特征量的方法。目前,该方法在地球物理学及水声学等其他学科中得到了非常广泛的应用:1988 年,Dvinskikh 首次将该方法引入到电离层特征参数建模中,之后的研究结果也证明了电离层特征参数的变化主要受一些可以分离的独立过程控制,向量对应的空间样本通常称为空间特征向量或者空间模态,主成分对应的时间变化通常被称为时间系数。因此,地球物理学中也将 EOF 分析称为时空分解。与其他方法相比,该方法不仅减少了建模参数的数目,而且能够减少计算时间。值得说明的是,EOF 模型所涉及的建模过程可将观测数据集转换为许多不相关的正交成分,这非常适合 foF2 或其他同类电离层特征参数的预测。因此,在此利用 EOF 思想来重建 foF2 月中值的长期预测模型。

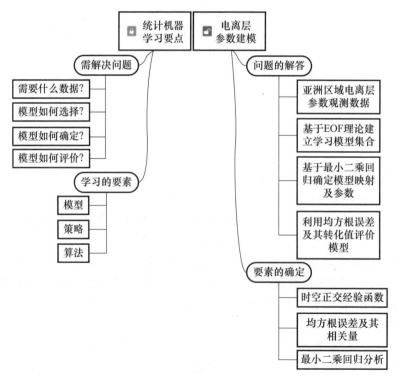

图 5-1 SML 重建电离层参数模型要点

(2)策略选用均方根误差及其扩展量。

为了评价所建模型的性能,在此,选择两类误差进行分析:

① 均方根误差(Root – mean – square Error, RMSE)

$$\sigma = \sqrt{\frac{1}{H}\sum_{h=1}^{H}(f'_h - f_h)^2} \qquad (5-1)$$

② 相对均方根误差(Relative Root – mean – square Error, RRMSE)

$$\delta = \sqrt{\frac{1}{H}\sum_{h=1}^{H}[(f'_h - f_h)/f_h]^2} \qquad (5-2)$$

式中：$f'_h$ 为 foF2 的预测值；$f$ 为 foF2 的观测值；$H$ 为统计数。

(3) 算法选用 LS 准则下的回归分析。

回归分析是一种预测建模技术的方法，主要是研究因变量(称为"目标")和自变量(称为"预测器")之间的关系，此方法技术广泛应用在预测、时间序列建模以及寻找变量之间的因果关系。对于变量间的关联性，可以利用积累的数据统计资料，找出它们在数量变化上的规律(即"平均"的规律)，这种统计规律所揭示的关系即为回归关系，所表示的数学方程就是回归方程或回归模型。线性回归模型广泛应用于许多预测模型中，主要有以下优点。

① 计算简单，模型建立的速度快，即使在数据量较大时也可以保持很快的运行速度；

② 依据系数可以对各个变量进行解释；

③ 对异常点非常敏感。

简言之，本章所建模型是基于 EOF 理论，通过均方根误差分析策略确定了 foF2 时空正交函数及其所关联的系列谐波参数，再利用观测数据对模型的有效性和可靠性进行了验证。

## 5.2　建模训练数据的选取

如前所述，拟建模型及其系数需要通过观测数据具体确定。因此，在此选取了 1949—2018 年期间亚洲 39 个站点记录的电离层观测数据用于训练学习建模，foF2 建模与验证站点分布如图 5-2 所示。

如图 5-2 和表 5-1 所示，选择上述站点是因为它们空间分布在覆盖高纬、中纬、低纬的三个电离层区域。此外，之所以选择这一时间段，是因为这一时间段的数据涵盖了大约六个太阳周期活动的上升和下降期。

上述 foF2 数据的采集系统为通用的电离层垂直探测仪，易于安装、可无人值守、支持遥控操作、维护费用更低。其主要工作性能参数包括：

(1) 峰值发射功率通常小于 5000W；

(2) 频率范围较宽，覆盖 2~30MHz；

(3)扫频分辨率为25kHz、50kHz、75kHz或自定义。

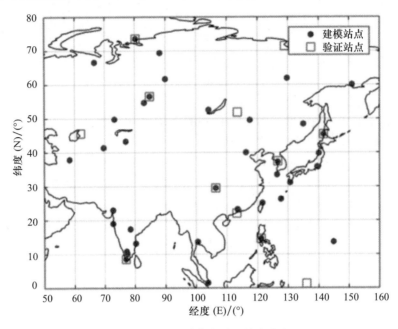

图5-2 foF2建模与验证站点分布

表5-1 foF2建模和验证站点位置及其探测数据量

| 序号 | 站名 | 纬度(N)/(°) | 经度(E)/(°) | 建模数据量/条 |
|---|---|---|---|---|
| 1 | Ahmedabad | 23.00 | 72.60 | 8863 |
| 2 | Akita | 39.70 | 140.10 | 13121 |
| 3 | Alma Ata | 43.20 | 76.90 | 12567 |
| 4 | Ashkhabad | 37.90 | 58.30 | 14141 |
| 5 | Bangkok | 13.70 | 100.60 | 2932 |
| 6 | Beijing | 40.00 | 116.30 | 9514 |
| 7 | Bombay | 19.00 | 72.80 | 6426 |
| 8 | Chongqing | 29.50 | 106.40 | 9163 |
| 9 | Delhi | 10.80 | 77.20 | 9698 |
| 10 | Dikson | 73.50 | 80.40 | 7286 |
| 11 | Guam | 13.60 | 144.90 | 2645 |
| 12 | Guangzhou | 23.10 | 113.40 | 9176 |
| 13 | Hyderabad | 17.40 | 78.60 | 2214 |

续表

| 序号 | 站名 | 纬度(N)/(°) | 经度(E)/(°) | 建模数据量/条 |
|---|---|---|---|---|
| 14 | Irkutsk | 52.50 | 104.00 | 13088 |
| 15 | Jeju | 33.50 | 126.50 | 1700 |
| 16 | Karaganda | 49.80 | 73.10 | 7126 |
| 17 | Khabarovsk | 48.50 | 135.10 | 12343 |
| 18 | Kodaikanal | 10.20 | 77.50 | 8571 |
| 19 | Kokubunji | 35.70 | 139.50 | 15046 |
| 20 | Madras | 13.10 | 80.30 | 4743 |
| 21 | Magadan | 60.00 | 151.00 | 12510 |
| 22 | Manila | 14.60 | 121.10 | 12431 |
| 23 | Manzhouli | 49.60 | 117.50 | 9937 |
| 24 | Norilsk | 69.40 | 88.10 | 5948 |
| 25 | Novokazalinsk | 45.50 | 62.10 | 7224 |
| 26 | Okinawa | 26.30 | 127.80 | 19228 |
| 27 | Providenie Bay | 64.40 | 173.40 | 7710 |
| 28 | Salekhard | 66.50 | 66.50 | 13555 |
| 29 | Seoul | 37.20 | 126.60 | 4369 |
| 30 | Singapore | 1.40 | 103.80 | 7211 |
| 31 | Taipei | 25.00 | 121.50 | 11365 |
| 32 | Tashkent | 41.30 | 69.60 | 12726 |
| 33 | Tiksi Bay | 71.60 | 128.90 | 6179 |
| 34 | Tomsk | 56.50 | 84.90 | 19896 |
| 35 | Trivandrum | 8.50 | 77.00 | 5290 |
| 36 | Tunguska | 61.60 | 90.00 | 10904 |
| 37 | Wakkanai | 45.40 | 141.70 | 20132 |
| 38 | Yakutsk | 62.00 | 129.60 | 9971 |
| 39 | Yamagawa | 31.20 | 130.60 | 19364 |

所有采集站点的数据分布及其对应的太阳活动参数如图 5-3 所示,可以看出:

(1)所选站点均在一个太阳周期内提供六年以上的探测数据;

(2) 数据覆盖了六个太阳活动期。此外，统一选择 60min 作为数据的采样间隔。

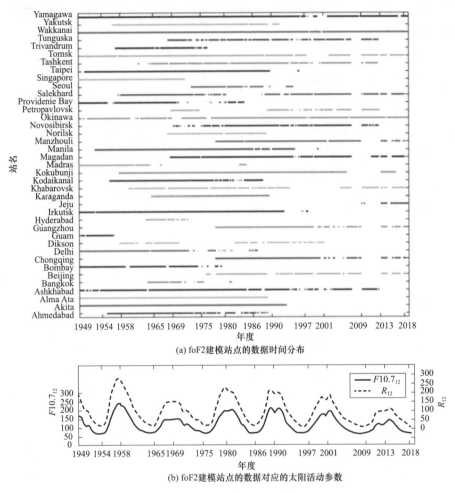

图 5-3　foF2 采集数据及对应太阳活动变化

## 5.3　foF2 模型映射的建立

根据 EOF 理论的基本思想——将电离层特征参数 foF2 进行时空分解，同时考虑影响电离层变化的各类主要因素，据此建立的 foF2 月中值与地理位置（经度、纬度）、年份（或太阳活动）、月份（或季节）和时刻（世界时）相关的非线性函数式可表示为

$$\begin{aligned} \text{foF2}(\lambda,\varphi,F10.7_{12},R_{12},m,T) &= \mathcal{F}_d(\tilde{\text{foF2}}(\lambda,\varphi,F10.7_{12},R_{12},m),T) \\ &= \mathcal{F}_d(\mathcal{F}_g(\lambda,\varphi,\hat{\text{foF2}}(F10.7_{12},R_{12},m)),T) \quad (5-3) \\ &= \mathcal{F}_d(\mathcal{F}_g(\lambda,\varphi,\mathcal{F}_a(F10.7_{12},R_{12},m)),T) \end{aligned}$$

式中：$\mathcal{F}_d$、$\mathcal{F}_g$ 和 $\mathcal{F}_a$ 分别为描述 foF2 昼夜变化、位置变化、周年变化的映射函数；$\lambda$ 为地理纬度；$\varphi$ 为地理经度；$F10.7_{12}$ 为 10.7cm 太阳射电通量 12 个月滑动平均值，单位为 $10^{-22}\ \text{W}\cdot\text{m}^{-2}\cdot\text{Hz}^{-1}$；$R_{12}$ 为太阳黑子数 12 个月滑动平均值；$m$ 为代表月份的标量；$T$ 为代表世界时的标量。

综上分析，foF2 建模要点在于利用 SML 方法确定 $\mathcal{F}_d$、$\mathcal{F}_g$ 和 $\mathcal{F}_a$ 映射及其与关联系数的具体形态。

融合统计机器学习流程，具体模型重建如图 5-4 所示。

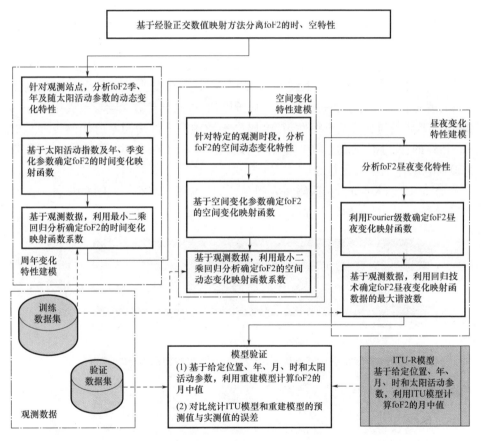

图 5-4　foF2 模型重建和验证的流程图中符号

首先，将电离层特征参数 foF2 时、空特性分离。

其次，分别对时间和空间部分进行建模：时间部分是对 foF2 的太阳活动周年动态特征进行建模,空间部分是对 foF2 地理空间变化进行建模。建模过程中实际为训练学习的过程,最终导出 foF2 与上述建模参数 $\lambda$、$\varphi$、$F10.7_{12}$、$R_{12}$、$m$ 之间的函数映射。对每个观测站,分析数 foF2 周年动态变化特征,定义 foF2 与太阳活动指数(以 $F10.7_{12}$ 和 $R_{12}$ 表征)和月份($m$)的谐波函数。

然后,基于观测数据利用 SML 过程——回归分析确定时间谐波函数的系数。对于特定的太阳活动期、月份和时刻,分析电离层特征参数 foF2 的地理变化,定义 foF2 与地理位置参数之间的谐波函数。然后,基于观测数据利用 SML 过程——回归分析确定空间谐波函数的系数。

最后,利用正交 Fourier 函数对谐波的昼夜变化动态特性进行建模,并用 LS 方法拟合观测数据,以确定最大谐波数。

### 5.3.1 周年动态变化映射确定

太阳活动剧烈程度通常用两类太阳活动指数来描述:一是太阳黑子数($R$),二是波长为 10.7cm 太阳射电波通量($F10.7$)。前者受光球层和色球低层的影响,后者由色球日冕层和高层决定。众所周知,这两类参数影响着电离层特征参数的周年动态和季节动态特性,在电离层参数预测方法中通常应用两类参数的 12 个月的平均滑动值($F10.7_{12}$ 和 $R_{12}$),图 5-3(b)给出了 1949—2018 年 $F10.7_{12}$ 和 $R_{12}$ 周年变化特性。

图 5-5 以 Kokubunji 探测站为例,给出了 1958—2005 年期间 foF2 月中值与两类太阳活动指数($F10.7_{12}$ 和 $R_{12}$)之间的对应关系。

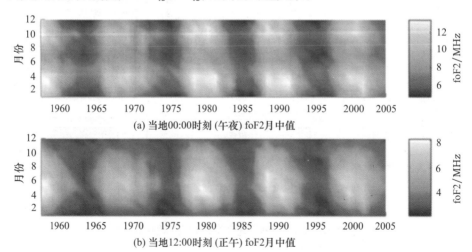

(a) 当地00:00时刻(午夜) foF2月中值

(b) 当地12:00时刻(正午) foF2月中值

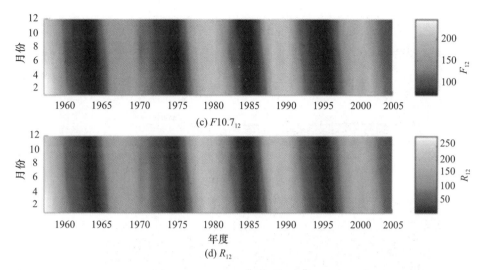

图 5 – 5 Kokubunji 站 1958—2005 年 foF2 月中值与两类太阳活动指数的对应关系

由图 5 – 5(a)和(b)可以看出,电离层特征参数 foF2 月中值存在着明显的周年和月份周期动态变化,这一时段涵盖了太阳活动的四个周期。由图 5 – 5(c)和(d)可以看出类似的周期变化在太阳活动指数 $F10.7_{12}$ 和 $R_{12}$ 均有反映。foF2 与 $F10.7_{12}$、$R_{12}$ 分别在对应的年份达到了顶峰和谷底。同时可看出,两类太阳活动指数与 foF2 变化并不完全一致。

图 5 – 6 给出了 Kokubunji 站 foF2 月中值与太阳活动指数($F10.7_{12}$ 或 $R_{12}$)间的相关系数。如图 5 – 6 所示,这两组相关系数的变化趋势大体相似,但在一些小细节上有所不同,在一定的时间和月份内,foF2 与两个太阳活动指数的相关系数有明显的差异,特别是在夏季的日出(06:00 左右)和日落(20:00 左右)。

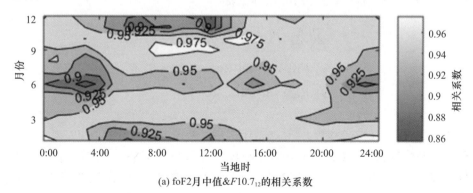

(a) foF2月中值&$F10.7_{12}$的相关系数

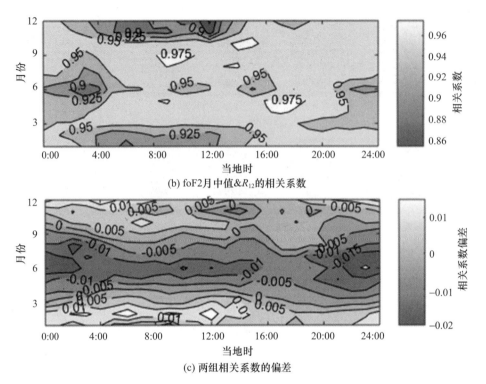

图5-6 Kokubunji 站 foF2 月中值与 $F10.7_{12}$ 或 $R_{12}$ 间的相关系数及其偏差

综上分析,考虑 foF2 与 $F10.7_{12}$ 或 $R_{12}$ 直接相关,但在不同时段存在着一定的差异性,同时考虑电离层特征参数的年、半年、季节以及更细微的变化,所以,对于给定的地理坐标和当地时间,定义 foF2 与太阳周期变化参数($F10.7_{12}$、$R_{12}$)和年变化参数($m$)的谐波映射具体表示为

$$\widehat{foF2}(F10.7_{12}, R_{12}, m) = \mathcal{F}_a(F10.7_{12}, R_{12}, m)$$

$$\sum_{k=0}^{K}\sum_{j=0}^{J}[\beta_{k,j}F10.7_{12}^{j}\cdot\cos(2\pi km/12) +$$

$$\gamma_{k,j}F10.7_{12}^{j}\cdot\sin(2\pi km/12) + \beta'_{k,j}R_{12}^{j}\cdot\cos(2\pi km/12) +$$

$$\gamma'_{k,j}R_{12}^{j}\cdot\sin(2\pi km/12)]$$

(5-4)

式中:$m$ 为代表月份的整数;三角函数中谐波次数 $k$ 用于表示年、半年、季节和月周期变化特性,$k=1$、2、3 和 4 分别代表为 12 个月、6 个月、3 个月和 1 个月,分母 12 代表季节周期的最大值;$j$ 用于表示太阳活动指数 $F10.7_{12}$ 或 $R_{12}$ 的变化特性,可用 1 阶、2 阶、3 阶或更高阶函数来表示;最高谐波次数 $K$ 和 $J$ 可通过 LS 回归法确定;系数 $\beta_{k,j}$、$\gamma_{k,j}$、$\beta'_{k,j}$ 和 $\gamma'_{k,j}$ 可由给定观测数据及对应的 $F10.7_{12}$ 或 $R_{12}$ 导出,

具体过程如下：

$$(\boldsymbol{CC}^\mathrm{T}) \begin{bmatrix} \beta_{0,0} \\ \beta_{0,1} \\ \vdots \\ \gamma'_{K,J-1} \\ \gamma'_{K,J} \end{bmatrix} = \boldsymbol{C} \begin{bmatrix} \mathrm{foF2}'_1 \\ \mathrm{foF2}'_2 \\ \vdots \\ \mathrm{foF2}'_{O-1} \\ \mathrm{foF2}'_O \end{bmatrix} \quad (5-5)$$

式中：foF2′ 为 foF2 观测统计值；$O$ 为观测最大计数；$C$ 可表示为：

$$C = \begin{bmatrix} 1 & 1 & \cdots & 1 \\ (F10.7_{12})_1 & (F10.7_{12})_2 & \cdots & (F10.7_{12})_O \\ \vdots & \vdots & \ddots & \vdots \\ (F10.7_{12})_1^J \sin^J\left(\dfrac{2\pi Km}{12}\right) & (F10.7_{12})_2^J \sin^J\left(\dfrac{2\pi Km}{12}\right) & \cdots & (F10.7_{12})_O^J \sin^J\left(\dfrac{2\pi Km}{12}\right) \\ \vdots & \vdots & \ddots & \vdots \\ (R_{12})_1^{J-1} \sin^{J-1}\left(\dfrac{2\pi Km}{12}\right) & (R_{12})_2^{J-1} \sin^{J-1}\left(\dfrac{2\pi Km}{12}\right) & \cdots & (R_{12})_O^{J-1} \sin^{J-1}\left(\dfrac{2\pi Km}{12}\right) \\ (R_{12})_1^J \sin^J\left(\dfrac{2\pi Km}{12}\right) & (R_{12})_2^J \sin^J\left(\dfrac{2\pi Km}{12}\right) & \cdots & (R_{12})_O^J \sin^J\left(\dfrac{2\pi Km}{12}\right) \end{bmatrix}$$

式中：$K$ 为最大谐波次数。

### 5.3.2 空间动态变化映射确定

众所周知，包括 foF2 在内的电离层特征参数具有不规则的非均匀空间分布。数十年来，电离层特征参数的空间特征建模及改进工作从未间断过。目前，用来描述电离层的空间特征的经验或数学方法包括距离加权插值、平滑表面插值、基于经纬坐标的球面谐波函数(Legendre)以及克里格等统计方法。考虑到电离层特征参数的变化受地球旋转轴向方位和地磁场控制，Rawer 提出了修改的磁倾角纬度坐标系。之后的许多研究均采用了这一坐标系，同时研究发现电离层特征参数全球动态特征能够通过这一坐标很好地捕捉到。基于上述基础，同时考虑磁倾角纬度及其修正值对电离层特征参数，特别是 foF2 的关联差异性，所以，在此选定利用磁倾角纬度及其修正值谐波函数来表示 foF2，即定义 foF2 空间动态变化数值映射函数具体形式为

$$\widetilde{\mathrm{foF2}}(\lambda,\varphi) = \mathcal{F}_g(\lambda,\varphi) \\ = \sum_{l=0}^{L} \{g_l \cdot [G(\nu(\lambda,\varphi))]^l + g'_l \cdot [G(\mu(\lambda,\varphi))]^l\} \quad (5-6)$$

式中：$\nu(\lambda,\varphi)$ 为磁倾角纬度（为地理纬度 $\lambda$ 和经度 $\varphi$ 的函数，由地磁场的向下

和水平分量定义,如图 5-7(a) 所示;$\mu(\lambda,\varphi)$ 为修正磁倾角纬度(为地理纬度 $\lambda$ 和经度 $\varphi$ 的函数,定义为 $\nu(\lambda,\varphi)/\cos(\varphi)^{0.5}$,如图 5-7(b) 所示;'$G(\cdot)$' 为 $\nu$ 或 $\mu$ 的正弦或其他类型的函数;$l$ 为 $G(\nu)$ 和 $G(\mu)$ 的幂指数;$L$ 为最高谐波次数;通过回归分析可确定最高谐波次数 $L$ 和 $G(\cdot)$ 函数的具体形式;系数 $g_l$ 和 $g_l'$ 可由电离层特征参数观测值及对应 $\nu(\lambda,\varphi)$ 和 $\mu(\lambda,\varphi)$ 回归分析导出:

$$(\boldsymbol{CC}^{\mathrm{T}})\begin{bmatrix} g_0 \\ g_1 \\ \vdots \\ g'_{L-1} \\ g'_L \end{bmatrix} = \boldsymbol{C} \begin{bmatrix} \mathrm{foF2}'_1 \\ \mathrm{foF2}'_2 \\ \vdots \\ \mathrm{foF2}'_{S-1} \\ \mathrm{foF2}'_S \end{bmatrix} \quad (5-7)$$

式中:foF2′ 为 foF2 观测统计值;$S$ 为用于建模的最大站点数量;$\boldsymbol{C}$ 可通过下式计算得到

$$\boldsymbol{C} = \begin{bmatrix} 1 & 1 & \cdots & 1 \\ G(\nu(\lambda_1,\varphi_1)) & G(\nu(\lambda_2,\varphi_2)) & \cdots & G(\nu(\lambda_S,\varphi_S)) \\ \vdots & \vdots & \ddots & \vdots \\ G(\nu(\lambda_1,\varphi_1))^{L-1} & G(\nu(\lambda_2,\varphi_2))^{L-1} & \cdots & G(\nu(\lambda_S,\varphi_S))^{L-2} \\ G(\nu(\lambda_1,\varphi_1))^L & G(\nu(\lambda_2,\varphi_2))^L & \cdots & G(\nu(\lambda_S,\varphi_S))^L \\ \vdots & \vdots & \ddots & \vdots \\ G(\mu(\lambda_1,\varphi_1))^{L-1} & G(\mu(\lambda_2,\varphi_2))^{L-1} & \cdots & G(\mu(\lambda_S,\varphi_S))^{L-1} \\ G(\mu(\lambda_1,\varphi_1))^L & G(\mu(\lambda_2,\varphi_2))^L & \cdots & G(\mu(\lambda_S,\varphi_S))^L \end{bmatrix}$$

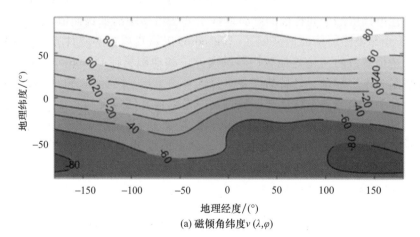

(a) 磁倾角纬度 $\nu(\lambda,\varphi)$

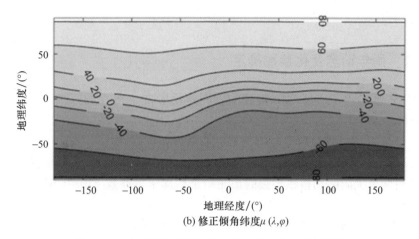

(b) 修正倾角纬度$\mu(\lambda,\varphi)$

图 5-7 磁倾角纬度及其修正值的全球分布（见彩图）

### 5.3.3 昼夜动态变化映射选择

电离层特征参数昼夜变化建模可用方法包括：Fourier 级数、谐波样条、平滑表面样条等方法。Fourier 级数在描述周期变化方面是非常适用的。考虑 foF2 具有固有昼夜周期性且 Fourier 级数在构建 foF2 经验模型方面优于其他电离层建模方法。所以，在此选定正交 Fourier 函数对电离层特征参数昼夜变化建模，具体表达式可写为

$$\begin{aligned}\text{foF2}(T) &= \mathcal{F}_d(T) \\ &= \sum_{n=0}^{N}\left[a_n\cos\left(\frac{\pi}{12}nT\right)+b_n\sin\left(\frac{\pi}{12}nT\right)\right]\end{aligned} \quad (5-8)$$

式中：$T$ 为世界时；$N$ 为表征昼夜变化的最大谐波数，可以通过统计分析来确定；$n$ 为谐波数（等于 0、1、$\cdots$、$N$）；$a_n$ 和 $b_n$ 为 Fourier 系数，具体可表示为

$$\begin{cases} a_0 = \dfrac{1}{24}\sum_{i=-12}^{11}\text{foF2}^i \\ a_n = \dfrac{1}{12}\sum_{i=-12}^{11}\text{foF2}^i \cdot \cos(n\cdot iT) \\ b_n = \dfrac{1}{12}\sum_{i=-12}^{11}\text{foF2}^i \cdot \sin(n\cdot iT) \end{cases} \quad (5-9)$$

### 5.4 foF2 模型参数的确定

本节将利用前面所采集的建模站点探测数据详细确定出 foF2 时空映射的

具体表达式。

### 5.4.1 周年动态变化参数确定

图5-8给出了通过SML得到的不同建模阶次$J$和$K$的foF2的均方根误差,分析发现:

(1) 与$K=2$相比,$J=2$具有更好的收敛性和鲁棒性;

(2) $J=2$和$K=2$预测得到的均方根误差小于$J=1$和$K=4$的情况;

(3) 两个太阳活动指数参数的预测结果均优于单参数$F10.7_{12}$或$R_{12}$的预测结果;

(4) 当$J=2$和$K=2$、3、4时能够得到最好的回归结果。

综合上述训练结果,兼顾工程复杂度,确定出$J$和$K$均为2。

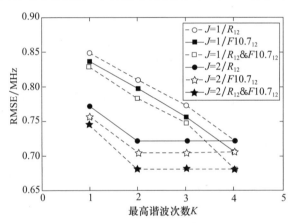

图5-8 不同太阳活动指数及最高谐波次数建模所得foF2预测误差分布

根据确定的$J=2$和$K=2$,式(5-4)可具体表示为

$$\begin{aligned}
\widehat{foF2}(F10.7_{12}, R_{12}, m) &= \mathcal{F}_a(F10.7_{12}, R_{12}, m) \\
&= \sum_{k=0}^{2}\sum_{j=0}^{2}\left[\beta_{k,j}F10.7_{12}^{j}\cdot\cos\left(\frac{2\pi km}{12}\right)+\right.\\
&\quad \gamma_{k,j}F10.7_{12}^{j}\cdot\sin\left(\frac{2\pi km}{12}\right)+\beta'_{k,j}R_{12}^{j}\cdot\cos\left(\frac{2\pi km}{12}\right)+\\
&\quad \left.\gamma'_{k,j}R_{12}^{j}\cdot\sin\left(\frac{2\pi km}{12}\right)\right]\\
&= \beta_{0,0}+\beta_{0,1}F10.7_{12}+\beta_{0,2}F10.7_{12}^{2}+\\
&\quad \beta_{1,0}+\beta_{1,1}F10.7_{12}\cos\left(\frac{2\pi m}{12}\right)+\beta_{1,2}F10.7_{12}^{2}\cos\left(\frac{2\pi m}{12}\right)+\\
&\quad \vdots
\end{aligned}$$

$$\gamma'_{2,0} + \gamma'_{2,1} R_{12} \sin\left(\frac{2\pi m}{6}\right) + \gamma'_{2,2} R_{12}^2 \sin\left(\frac{2\pi m}{6}\right) \quad (5-10)$$

式中：$\beta_{k,j}$、$\gamma_{k,j}$、$\beta'_{k,j}$ 和 $\gamma'_{k,j}$ 通过 LS 回归方法确定。

根据式（5-10），利用各站点观测数据进行 LS 回归分析，即可得各站点对应的 $\beta_{k,j}$、$\gamma_{k,j}$、$\beta'_{k,j}$ 和 $\gamma'_{k,j}$。图 5-9 以 Kokubunji 站为例给出了 $\beta_{k,j}$、$\gamma_{k,j}$、$\beta'_{k,j}$ 和 $\gamma'_{k,j}$ 系数分布。图中坐标标识 1~36 分别对应 $\beta_{0,0}$、$\beta_{0,1}$、$\beta_{0,2}$、$\gamma_{0,0}$、$\gamma_{0,1}$、$\gamma_{0,2}$、$\beta_{1,0}$、$\beta_{1,1}$、$\beta_{1,2}$、$\gamma_{1,0}$、$\gamma_{1,1}$、$\gamma_{1,2}$、$\beta_{2,0}$、$\beta_{2,1}$、$\beta_{2,2}$、$\gamma_{2,0}$、$\gamma_{2,1}$、$\gamma_{2,2}$、$\beta'_{0,0}$、$\beta'_{0,1}$、$\beta'_{0,2}$、$\gamma'_{0,0}$、$\gamma'_{0,1}$、$\gamma'_{0,2}$、$\beta'_{1,0}$、$\beta'_{1,1}$、$\beta'_{1,2}$、$\gamma'_{1,0}$、$\gamma'_{1,1}$、$\gamma'_{1,2}$、$\beta'_{2,0}$、$\beta'_{2,1}$、$\beta'_{2,2}$、$\gamma'_{2,0}$、$\gamma'_{2,1}$、$\gamma'_{2,2}$。

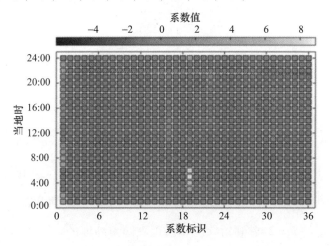

图 5-9　foF2 周年变化函数重建参数实例（Kokubunji 站）（见彩图）

### 5.4.2　空间动态变化参数确定

图 5-10 是利用 SML 得到的不同地理位置参数和最高谐波次数 $L$ 条件下 foF2 均方根误差分布图。由图 5-10 可以看出：

（1）用磁倾角纬度 $\nu$ 及其修正磁倾角纬度 $\mu$ 进行二次回归的 RMSE 明显低于只用其中一个参数 $\nu$ 或 $\mu$ 进行回归的 RMSE；

（2）用正弦函数进行回归的精度优于直接用磁倾角 $\nu$ 或修正磁倾角纬度 $\mu$ 进行回归的精度。

因此，确定利用磁倾角纬度 $\nu$ 及其修正值 $\mu$ 的 2 次模型进行空间动态变化特性建模。

至此，式（5-6）可明确地写成如下形式：
$$\bar{\mathrm{foF2}}(\lambda,\varphi) = \mathcal{F}_\mathrm{g}(\lambda,\varphi)$$

$$= g_0 + \sum_{l=1}^{2} \{g_l \cdot \sin^l \nu + g'_l \cdot \sin^l \mu\} \quad (5-11)$$
$$= g_0 + g_1 \cdot \sin\nu + g_2 \cdot \sin^2\nu + g'_1 \cdot \sin\mu + g'_2 \cdot \sin^2\mu$$

式中：$\nu$ 为磁倾角纬度；$\mu$ 为修正磁倾角纬度；回归系数 $g_l$ 和 $g'_l$ 通过 LS 回归方法确定。

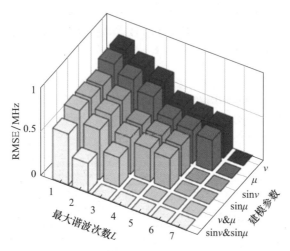

图 5-10　不同地理位置参数及最高谐波次数 foF2 预测误差分布

根据确定的 $L=2$、磁倾角纬度和修正磁倾角纬度的正弦值，图 5-11 给出了太阳活动低年和太阳活动高年的空间重建系数实例。

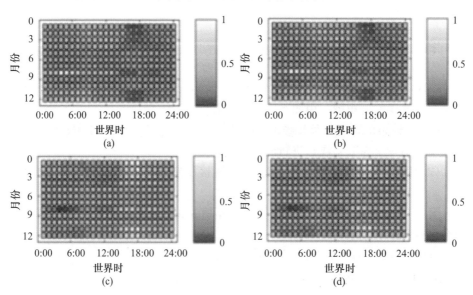

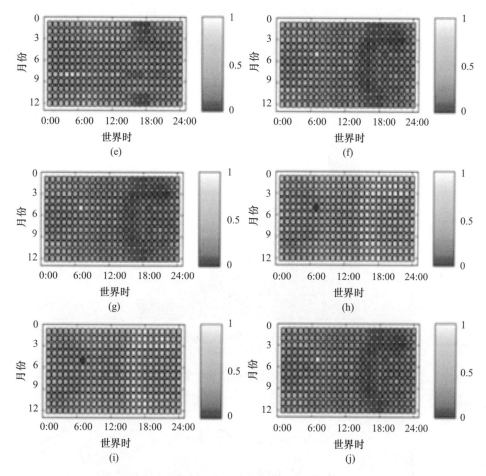

图 5-11 不同太阳活动期 foF2 空间重建系数实例(见彩图)

(a)~(e)太阳活动高年($F10.7_{12}=120, R_{12}=100$)空间动态变化系数 $g_0$、$g_1$、$g_2$、$g'_1$、$g'_2$归一化值;(f)~(j)太阳活动低年($F10.7_{12}=70, R_{12}=10$)空间动态变化系数 $g_0$、$g_1$、$g_2$、$g'_1$、$g'_2$归一化值。

## 5.4.3 昼夜动态变化参数确定

根据式(5-8)和式(5-9),利用 LS 回归分析可得到 foF2 和最大谐波数 $N$ 的预测结果之间的关系。图 5-12 为不同最高谐波次数的 foF2 预测均方根误差给出 39 个建模站点的 RMSE 统计结果,由图可以看出,当最大谐波数 $N$ 达到 11,能够确保最高的精度和鲁棒性。因此,用于表示昼夜变化的最大谐波数被确定为 11。进而,式(5-8)可明确表示为

$$\text{foF2}(\lambda,\varphi,F10.7_{12},R_{12},m,T) = a_0(\lambda,\varphi,F10.7_{12},R_{12},m,) +$$
$$\sum_{n=1}^{11}\left[a_n(\lambda,\varphi,F10.7_{12},R_{12},m)\cdot\cos\left(\frac{\pi}{12}nT\right)+\right.$$
$$\left.b_n(\lambda,\varphi,F10.7_{12},R_{12},m)\cdot\sin\left(\frac{\pi}{12}nT\right)\right]$$
$$(5-12)$$

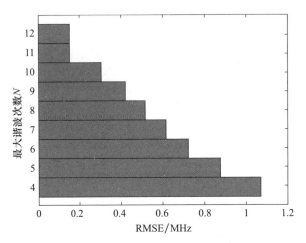

图 5 – 12  不同最高谐波次数的 foF2 预测均方根误差

其中

$$a_0 = \frac{1}{24}\sum_{i=-12}^{11}\tilde{\text{foF2}}^i(\lambda,\varphi)$$

$$a_n = \frac{1}{12}\sum_{i=-12}^{11}\tilde{\text{foF2}}^i(\lambda,\varphi)\cdot\cos(n\cdot iT)$$

$$b_n = \frac{1}{12}\sum_{i=-12}^{11}\tilde{\text{foF2}}^i(\lambda,\varphi)\cdot\sin(n\cdot iT)$$

式中: $\tilde{\text{foF2}}(\lambda,\varphi)$ 可由空间动态变化系数($g_l$ 和 $g'_l$)和式(5 – 13)导出:
$$\tilde{\text{foF2}}(\lambda,\varphi) = g_0[\hat{\text{foF2}}(F10.7_{12},R_{12},m),s=1,2,\cdots]+$$
$$\sum_{l=1}^{3}\{g_l[\hat{\text{foF2}}(F10.7_{12},R_{12},m),s=1,2,\cdots]\cdot\sin^l(\nu)+$$
$$g'_l[\hat{\text{foF2}}(F10.7_{12},R_{12},m),s=1,2,\cdots]\cdot\sin^l(\mu)\}$$
$$(5-13)$$

式中: $s = 1、2、\cdots、39$ 对应建模站; $\hat{\text{foF2}}(F10.7_{12},R_{12},m)$ 可由年动态变化系数 ($\beta_{k,j}、\gamma_{k,j}、\beta'_{k,j}$ 和 $\gamma'_{k,j}$)和式(5 – 10)导出。

## 5.5 foF2 模型的验证分析

### 5.5.1 预测流程

基于 SML 得到的映射函数和对应的函数系数,根据给定的地理坐标($\lambda$,$\varphi$)、月份($m$)、世界时($T$)和太阳活动指数($F10.7_{12}$ 和 $R_{12}$)即可预测 foF2,具体流程如图 5-13 所示。

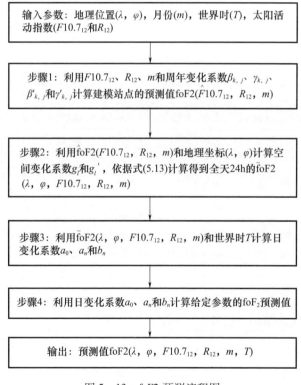

图 5-13 foF2 预测流程图

### 5.5.2 对比分析

为了验证所提出的重建模型(标识为 PRM)的准确性,在此将 PRM 的预测性能与 IRI-2016 的性能进行了比较。在此,选取了十二个电离层探测站的数据用于验证,具体分布如图 5-2 所示。选择的数据包括了六个太阳活动期的高、低太阳活动年,并覆盖分布在三个电离层区域(低纬、中纬、高纬),涵盖了春、夏、秋、冬四个季节。如表 5-2 所列,高太阳活动年包括 1958 年、1969 年、1980 年、1990 年、2001 年和 2013 年,低太阳活动年包括 1965 年、1975 年、1986 年、1997 年、2009 年和 2018 年。Chita、Dikson、Tiksi Bay 和 Tomsk 四个站点位于高纬度地区,Chongqing、Icheon、Novokazalinsk 和 Wakkanai 四个站点位于中纬度地区,Biak、Macau、Manila 和 Trivandrum 四个站点位于低纬度地区。每个电离层区域有四个站点,覆盖四季。如此选择的另一个原因是不仅要对不重叠的空间位置进行验证,还要对不重叠的时间段进行验证。其中,Chita、Tiksi Bay、Icheon、Novokazalinsk、Biak 和 Macau 六个站点未参与建模。

表 5-2 用于 foF2 模型验证的数据特征

| 序号 | 站名 | 年度 | 太阳活动期 | 月份 | 季节 | 区域 | 是否用于建模 | 图标识 |
| --- | --- | --- | --- | --- | --- | --- | --- | --- |
| 1 | Chita | 1958 | 高年 | 11 月 | 秋季 | 高纬 | 否 | 图 5-14(a) |
| 2 | Dikson | 1990 | 高年 | 5 月 | 春季 | 高纬 | 是 | 图 5-14(b) |
| 3 | Tiksi Bay | 1969 | 高年 | 8 月 | 夏季 | 高纬 | 否 | 图 5-14(c) |
| 4 | Tomsk | 2009 | 低年 | 1 月 | 冬季 | 高纬 | 是 | 图 5-14(d) |
| 5 | Chongqing | 1997 | 低年 | 2 月 | 冬季 | 中纬 | 是 | 图 5-15(a) |
| 6 | Icheon | 2018 | 低年 | 6 月 | 夏季 | 中纬 | 否 | 图 5-15(b) |
| 7 | Novokazalinsk | 1980 | 高年 | 4 月 | 春季 | 中纬 | 否 | 图 5-15(c) |
| 8 | Wakkanai | 2001 | 高年 | 10 月 | 秋季 | 中纬 | 是 | 图 5-15(d) |
| 9 | Biak | 2013 | 高年 | 12 月 | 冬季 | 低纬 | 否 | 图 5-16(a) |
| 10 | Macau | 1965 | 低年 | 3 月 | 冬季 | 低纬 | 否 | 图 5-16(b) |
| 11 | Manila | 1986 | 低年 | 7 月 | 夏季 | 低纬 | 是 | 图 5-16(c) |
| 12 | Trivandrum | 1975 | 低年 | 9 月 | 秋季 | 低纬 | 是 | 图 5-16(d) |

图 5-14 ~ 图 5-16 给出了高纬、中纬、低纬三个区域重建模型(标识为 PRM)预测的十二个探测站对应月份的 foF2 日变化特性实例,并与基于 CCIR 和 URSI 系数的 IRI 模型(分别标识为 IRI-CCIR 和 IRI-URSI)预测值以及观测值进行了比较。可以看出,无论是地磁平静期还是风暴期,利用 IRI-CCIR、IRI-URSI 和 PRM 模型得到预测曲线均较好地反映了 foF2 年、季、日变化特征和太阳周期变化的趋势。其中,图 5-14(a)、图 5-14(b) 和图 5-15(a) 所示时段均处于中级磁暴期,图 5-15(d) 所处时段 2001 年 10 月为强磁暴期,最大 DST 指数达到了 -187NT。

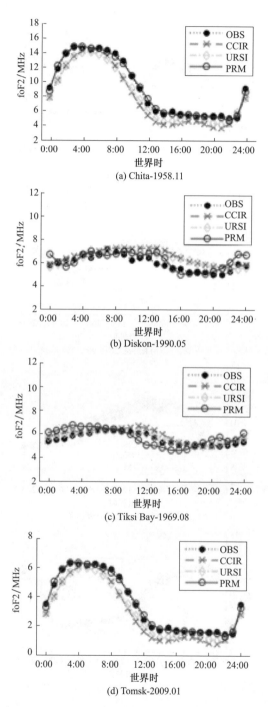

图 5-14　高纬地区 IRI 和重建模型 foF2 预测实例对比

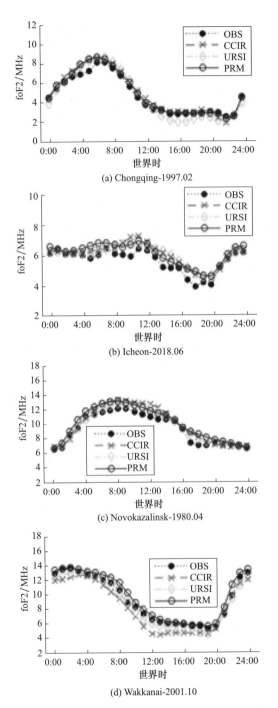

图 5-15 中纬地区 IRI 和重建模型 foF2 预测实例对比

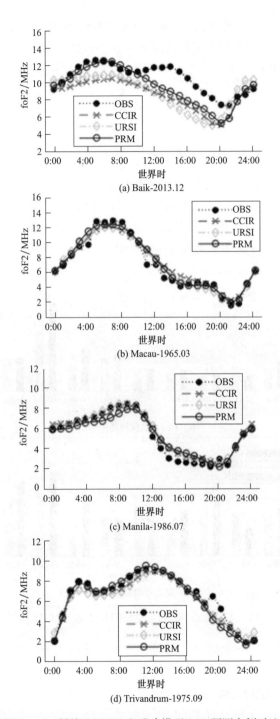

图 5-16 低纬地区 IRI 和重建模型 foF2 预测实例对比

为进一步评估模型的准确性,通过计算 RMSE 和相对 RMSE 统计平均值对模型预测的 foF2 月中值与测量值之间的差异进行统计分析。具体定义如下:

(1)平均 RMSE

$$\sigma_{ave} = \frac{1}{w} \sum_{w}^{W} \sigma_w \qquad (5-14)$$

(2)平均 RRMSE

$$\delta_{ave} = \frac{1}{w} \sum_{w}^{W} \delta_w \qquad (5-15)$$

式中:$w$ 为站点、年度、季节或月份的统计数。

根据式(5-14)和式(5-15),图 5-17 给出了不同站点 IRI 和重建模型 foF2 预测结果统计对比,给出了不同站点的 IRI-CCIR、IRI-URSI 和重建模型预测得到的 foF2 的平均 RMSE 和平均 RRMSE。

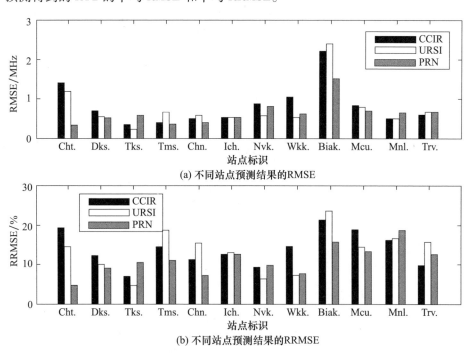

图 5-17 不同站点 IRI 和重建模型 foF2 预测结果统计对比

注:图中站点标识为 Chita（Cht.）、Dikson（Dks.）、Tiksi Bay（Tks.）、Tomsk（Tms.）、Chongqing（Chn.）、Icheon（Ich.）、Novokazalinsk（Nvk.）、Wakkanai（Wkk.）、Biak、Macau（Mcu.）、Manila（Mnl.）和 Trivandrum（Trv.）。

结合上述对比图形,可以看出:

(1)总体而言,重建模型 PRM 的预测曲线(圆圈)比 IRI 模型的预测曲线(十字为 IRI-CCIR 模型,菱形为 IRI-URSI 模型)更接近探测站点所得的月中值曲线(点)。与 IRI-CCIR 和 IRI-URSI 模型相比，PRM 在 Chita、Dikson、Tomsk、Chongqing、Biak 站点的预测精度有明显的改善，尤其是在 Chita 和 Biak 站。PRM 在 Trivandrum 站的性能优于 CCIR 模型，但低于 IRI-URSI 模型。

(2) Biak 站的预测误差最高。IRI-CCIR、IRI-URSI 和 PRM 的 RMSE 值分别为 2.21MHz、2.41MHz 和 1.50MHz，对应的 RRMSE 分别为 21.28%、23.41% 和 15.24%。Macau 和 Manila 两个站点的预测误差相对较高，这主要是由于赤道和低纬电离层区域的剧烈变化，该区域用于建模的电离层探测站和数据量较少所致。这一结果与前人的研究报告颇为类似。也可以推断，同样的风险可能出现在类似的区域，如海域。

(3) Icheon 站点三个模型的预测曲线具有较好的一致性，但与观测值有一定程度的偏差。IRI-CCIR、IRI-URSI 和 PRM 的 RMSE 分别为 0.54MHz、0.52MHz 和 0.52MHz，对应的 RRMSE 分别为 12.10%、12.54% 和 12.23%。产生如此结果的原因是电离层探测数据在 2018 年 6 月未能有效获得。从美国国家海洋和大气管理局(National Oceanic and Atmospheric Administration, NOAA)采集的探测数据来看，Icheon 站点每个月可用于验证最短和最长的天数分别为 6 天和 20 天，全天 24h 中只有 10% 的记录超过 15 天。

(4) 对于 Tiksi 站，IRI 的预测结果优于 PRM。这反映了 PRM 还需在高纬度或极地地区进一步加强，以提高预测精度。

根据式(5-14)和式(5-15)，表 5-3 给出两组统计误差结果。

(1) 高纬度、中纬度和低纬度地区的 RMSE 和 RRMSE；
(2) 太阳活动高、低年的平均 RMSE 和 RRMSE。

表 5-3　三类模型在不同区域和不同太阳活动期 foF2 预测统计 RMSE 和 RRMSE

| 统计项 | RMSE/MHz | | | | | RRMSE/% | | | | |
|---|---|---|---|---|---|---|---|---|---|---|
| | IRI-CCIR | IRI-URSI | PRM | IRI-CCIR 与 PRM 的差异 | IRI-URSI 与 PRM 的差异 | IRI-CCIR | IRI-URSI | PRM | IRI-CCIR 与 PRM 的差异 | IRI-URSI 与 PRM 的差异 |
| 高纬度地区 | 0.82 | 0.74 | 0.45 | 0.38 | 0.29 | 13.60 | 12.61 | 8.83 | 4.76 | 3.78 |
| 中纬度地区 | 0.77 | 0.55 | 0.54 | 0.23 | 0.01 | 11.71 | 10.86 | 9.03 | 2.68 | 1.83 |
| 低纬度地区 | 1.24 | 1.33 | 0.95 | 0.29 | 0.39 | 16.83 | 17.75 | 14.95 | 1.88 | 2.80 |
| 太阳活动高年 | 0.88 | 0.66 | 0.57 | 0.31 | 0.09 | 12.73 | 9.53 | 8.98 | 3.75 | 0.55 |

续表

| 统计项 | RMSE/MHz | | | | | RRMSE/% | | | | |
| --- | --- | --- | --- | --- | --- | --- | --- | --- | --- | --- |
| | IRI-CCIR | IRI-URSI | PRM | IRI-CCIR 与 PRM 的差异 | IRI-URSI 与 PRM 的差异 | IRI-CCIR | IRI-URSI | PRM | IRI-CCIR 与 PRM 的差异 | IRI-URSI 与 PRM 的差异 |
| 太阳活动低年 | 1.04 | 1.13 | 0.78 | 0.26 | 0.35 | 15.86 | 17.04 | 13.21 | 2.65 | 3.83 |

同时，表5-3还给出了重建模型 PRM 与 IRI-CCIR 模型和 IRI-URSI 模型间的差异。如表5-3所列，可以看出：

（1）在高纬度地区，重建模型 PRM 较 IRI-CCIR 模型和 IRI-URSI 模型的 RMSE 分别减小了0.38MHz 和0.29MHz，对应的 RRMSE 分别减小了4.76%和3.78%。在中纬度地区，PRM 较 IRI-CCIR 模型的预测误差减小了0.23MHz，对应的 RRMSE 为2.68%；而 PRM 和 IRI-URSI 模型的预测精度近似相等。在低纬度地区，PRM 较 IRI-CCIR 模型和 IRI-URSI 模型的 RMSE 分别减小了0.29MHz 和0.39MHz，对应的 RRMSE 分别减小了1.88%和2.80%。在高纬度和中纬度地区，重建模型和 IRI-URSI 模型优于 IRI-CCIR 模型；在低纬度地区，重建模型和 IRI-CCIR 模型优于 IRI-URSI 模型。

（2）在太阳活动高年，重建模型 PRM 较 IRI-CCIR 模型和 IRI-URSI 模型的 RMSE 分别减小了0.31MHz 和0.09MHz，对应的 RRMSE 分别减小了3.75%和0.55%。太阳活动低年，PRM 较 IRI-CCIR 模型和 IRI-URSI 模型的 RMSE 分别减小了0.26MHz 和0.35MHz，对应的 RRMSE 分别减小了2.65%和3.83%。

（3）整体来看，重建模型 PRM 的预测结果优于 IRI-URSI 模型和 IRI-CCIR 模型，且重建模型和 IRI-URSI 模型均优于 IRI-CCIR 模型。

图5-18给出了 IRI-CCIR 模型、IRI-URSI 模型和重建模型 foF2 的统计误差图。可以看出，IRI-CCIR 模型、IRI-URSI 模型和重建模型 PRM 的 RMSE 分别为0.97MHz、0.93MHz 和0.70MHz，对应的 RRMSE 分别为14.20%、14.05%和11.30%。显然，在亚洲区域重建模型 PRM 比 IRI 模型具有更高的精度。换句话说，在亚洲区域 PRM 实现了对 IRI 模型的改进。

图5-19太阳活动高年 IRI 和 PRM 模型预测 foF2 空间分布对比给出了2013年6月世界时04:00（对应于区域各点的当地时间为6:00~16:00，近似覆盖整个白天）IRI-CCIR 模型、IRI-URSI 模型和重建模型 PRM 预测得到的 foF2 的月中值的空间分布（地理经度和纬度的间隔均为5°）。之所以选择这一时段是考虑分析近期太阳活动高年的一个典型情况。可以看出，在该时间段内，IRI-CCIR 模型、IRI-URSI 模型和重建模型 PRM 预测得到的 foF2 空间分布具有较好

的相似性。特别是在低纬度地区,IRI – URSI 模型和重建模型 PRM 的预测结果更为相近;而在高纬度地区,IRI – CCIR 模型和 IRI – URSI 模型的预测结果更为相近。

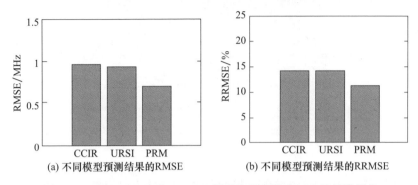

图 5 – 18　IRI – CCIR、IRI – URSI 模型和重建模型 foF2 的统计误差

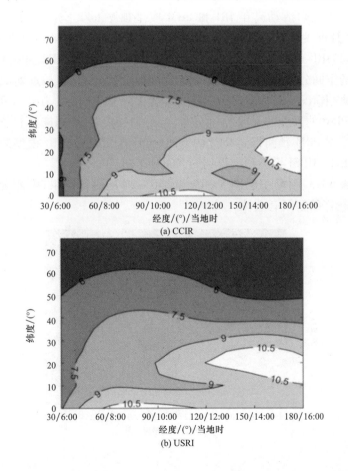

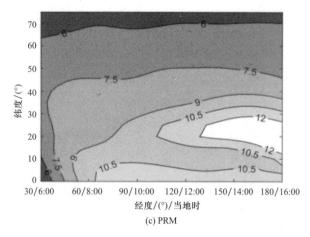

(c) PRM

图 5-19　太阳活动高年 IRI 和 PRM 模型预测 foF2 空间分布对比

图 5-20 太阳活动高年 IRI 和 PRM 模型预测 foF2 空间分布对比给出了 2018 年 12 月世界时 16:00（对应于区域各点的当地时间为 18:00~4:00，近似覆盖整个夜间）IRI-CCIR 模型、IRI-URSI 模型和重建模型 PRM 预测得到的 foF2 的月中值的空间分布（地理经度和纬度的间隔均为 5°）。这是近期太阳活动低年的一个典型情况。可以看出，在该时段内，IRI-CCIR 模型、IRI-URSI 模型和重建模型 PRM 的预测的 foF2 空间分布，与图 5-19 类似，同样具有较好的相似性。重建模型 PRM 预测得到 foF2 的空间分布图比 IRI-CCIR 模型的预测结果更接近于 IRI-URSI 模型预测得到的空间分布图。

结合表 5-3、图 5-18、图 5-19 和图 5-20 的对比结果，可证实重建模型 PRM 具有较好的空间有效性。

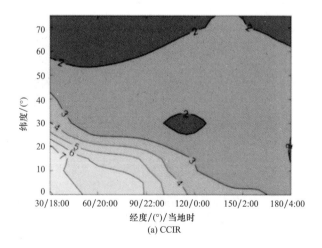

(a) CCIR

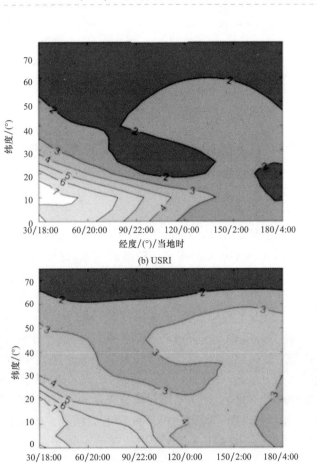

图 5-20　太阳活动高年 IRI 和 PRM 模型预测 foF2 空间分布对比

通过对比分析 foF2 重建模型 PRM 预测结果、实测数据，以及 IRI 模型预测结果，充分证实了重建模型 PRM 预测结果与观测值吻合更好，预测精度更高。较 IRI - CCIR 和 IRI - URSI 模型，foF2 的统计平均 RMSE 分别降低了 0.27MHz 和 0.23MHz，对应的统计平均 RRMSE 分别降低了 2.90% 和 1.85%。

重建模型 PRM 的优势也可以从对比亚大方法、新版亚大方法的结果中看出：如 Chongqing 站，亚大方法、新版亚大方法和 PRM 的 RMSE 分别为 0.75MHz、0.77MHz 和 0.39MHz。

综上，可以看出：亚洲地区重建模型 PRM 具有更好的可用性和更高的精度，这为 HF 通信频率预测提供强有力的技术基础。

# 第 6 章

# 区域化细粒度 HF 通信可用频率增强预测模型

本章重点阐述了基于 SML 的亚洲区域细粒度高精度 HF 通信可用频率预测模型,旨在为 HF 通信频率规划提供更加精准的结果,也是第 5 章研究成果的扩展应用。首先,本章回顾了 HF 通信可用频率预测模型中关键因子的技术内涵,确定了建模对象,即 MUF 的 3000km 传输因子 M(3000)F2,OWF 转换因子 $F_l$ 和 HPF 转换因子 $F_u$,提出了利用 SML 建立 M(3000)F2、$F_l$ 和 $F_u$ 预测模型的实施方案和具体流程。其次,基于采集得到观测数据,利用统计分析方法得到了建模对象的训练数据。然后,通过训练确定了建模对象的时间、空间映射和关联参数以及 M(3000)F2、$F_l$ 和 $F_u$ 的预测模型。再次,对建立的 M(3000)F2、$F_l$ 和 $F_u$ 模型的预测性能进行了评估,证实了所建模型在亚洲区域的有效性和可靠性;最后,利用实际通信采集得到的 MUF、OWF 和 HPF 数据进一步验证在上述参数支撑下的频率预测模型,并与 ITU – R 模型进行对比分析。

## 6.1 建模思路

本节首先从 MUF、OWF 和 HPF 技术内涵谈起,结合 SML 理论提出了上述三类参数预测模型建立的技术路线和详细流程。

### 6.1.1 技术内涵

根据 HF 天波传播机理及 MUF、OWF 和 HPF 预测方法,可知:
(1) F2 层 MUF 预测方法中一个关键参数 F2 层 3000km 处的传输因子,通常记为 M(3000)F2,定义为 F2 层 3000km 处 MUF 与 F2 层临界频率 foF2 的比值。即

$$M(3000)F2 = \frac{F2(3000)MUF}{foF2} \tag{6-1}$$

式中:F2(3000)MUF 为传播距离为 3000km 时的 MUF;foF2 为传播反射点处 F2 层的临界频率。由式(6-1)可知,M(3000)F2 表示的是距离为 3000km 处接收信号的最优频率。

(2)F2 层 OWF 预测方法中一个关键参数——OWF 与 MUF 转换因子 $F_l$,定义为

$$F_l = \frac{F2(d)OWF}{R_{op} \times F2(d)MUF} \quad (6-2)$$

式中:F2($d$)OWF 为传播距离为 $d$ 时的最优可用频率;F2($d$)MUF 为传播距离为 $d$ 时的最高可用频率;$R_{op}$ 为 F2 层工作 MUF 与基本 MUF 的比值(详见表 3-3)。根据 F2 层 MUF 与临界频率 foF2 强相关性,通常利用 F2 层临界频率 foF2 的下十分值与中值的比值确定 $F_l$。

(3)F2 层 HPF 预测方法中一个关键参数——HPF 与 MUF 转换因子 $F_u$,定义为

$$F_u = \frac{F2(d)HPF}{R_{op} \times F2(d)MUF} \quad (6-3)$$

式中:F2($d$)HPF 为传播距离为 $d$ 时的最高可能频率;F2($d$)MUF 为传播距离为 $d$ 时的最高可用频率;$R_{op}$ 为 F2 层工作 MUF 与基本 MUF 的比值(详见表 3-3)。类似 $F_l$ 的确定方法,通常利用 F2 层临界频率 foF2 的上十分值与中值的比值确定 $F_u$。

## 6.1.2 技术路线

为了提高 MUF、OWF 和 HPF 的预测精度,延用 SML 理念,建立 MUF 关键因子的区域高精度模型,以及 OWF 和 HPF 因子的区域细粒度模型。区域高精度细粒度建模研究要点分析如图 6-1 所示,利用 SML 方法需解决的问题及对应方案如下所述。

(1)学习所需的数据:亚洲区域站点观测数据及统计得到的 M(3000)F2、$F_l$ 和 $F_u$ 月统计值。

(2)学习所需的模型:利用经验正交函数理论建立函数映射。

(3)模型确定的方法:利用 LS 准则下的回归分析确定模型参数。

(4)模型评价的准则:利用均方根误差及其扩展量对模型进行评价。

如前所述,foF2 与 $F10.7_{12}$ 或 $R_{12}$ 直接相关,而 MUF、OWF 和 HPF 又是 foF2 的函数,所以,可以推断并可证实 MUF、OWF 和 HPF 变化因子均与 $F10.7_{12}$ 或 $R_{12}$ 相关。在此,类似 foF2,同样利用 EOF 思想来重建 M(3000)F2、$F_u$ 和 $F_l$ 的长期预测模型,即建立的 M(3000)F2、$F_u$ 和 $F_l$ 月统计值与地理位置(经度、纬度)、

年份(或太阳活动)、月份(或季节)和时刻(世界时)的非线性映射函数可具体表示为

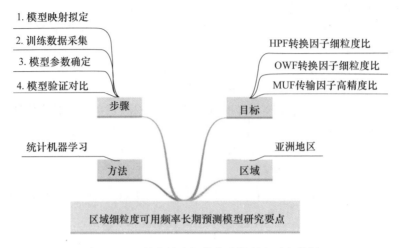

图 6-1 区域高精度细粒度建模研究要点分析

$$\begin{aligned}X(\lambda,\varphi,F10.7_{12},R_{12},m,T) &= \mathcal{F}_d(\tilde{X}(\lambda,\varphi,F10.7_{12},R_{12},m),T) \\ &= \mathcal{F}_d(\mathcal{F}_g(\lambda,\varphi,\hat{X}(F10.7_{12},R_{12},m)),T) \quad (6-4)\\ &= \mathcal{F}_d(\mathcal{F}_g(\lambda,\varphi,\mathcal{F}_a(F10.7_{12},R_{12},m)),T)\end{aligned}$$

式中:$X$ 为建模对象,即 $M(3000)F2$、$F_u$ 或 $F_1$ 月统计值;$\mathcal{F}_d$、$\mathcal{F}_g$ 和 $\mathcal{F}_a$ 分别为描述昼夜变化、位置变化、周年变化建模函数;$\lambda$ 为地理纬度;$\varphi$ 为地理经度;$F10.7_{12}$ 为 10.7cm 太阳射电通量 12 个月滑动平均值,单位为 $10^{-22}\ \text{W}\ \text{m}^{-2}\ \text{Hz}^{-1}$;$R_{12}$ 为太阳黑子数 12 个月滑动平均值;$m$ 为代表月份的标量;$T$ 为代表世界时的标量。

### 6.1.3 建模流程

如上所述,建模要点在于利用 SML 方法确定表征建模对象 $X$ 的昼夜变化($\mathcal{F}_d$)、位置变化($\mathcal{F}_g$)和周年变化($\mathcal{F}_a$)的映射及其与关联参数的具体关系。由 foF2 的建模经验,同比设定:

$$\begin{aligned}\mathcal{F}_a(F10.7_{12},R_{12},m) = \sum_{k=0}^{K}\sum_{j=0}^{J}[&\beta_{k,j}F10.7_{12}^j \cdot \cos(2\pi km/12) + \\ &\gamma_{k,j}F10.7_{12}^j \cdot \sin(2\pi km/12) + \beta'_{k,j}R_{12}^j \cdot \cos(2\pi km/12) + \\ &\gamma'_{k,j}R_{12}^j \cdot \sin(2\pi km/12)]\end{aligned}$$

$$(6-5)$$

$$\mathcal{F}_g(\lambda,\varphi) = \sum_{l=0}^{L} \{g_l \cdot \sin^l[\nu(\lambda,\varphi)] + g'_l \cdot \sin^l[\mu(\lambda,\varphi)]\} \quad (6-6)$$

$$\mathcal{F}_d(T) = \sum_{n=0}^{N} \left[a_n\cos\left(\frac{\pi}{12}nT\right) + b_n\sin\left(\frac{\pi}{12}nT\right)\right] \quad (6-7)$$

式(6-5)中：$m$ 为代表月份的整数；三角函数中谐波次数 $k$ 用于表示年、半年、季节和月周期变化特性，$k=1、2、3$ 和 4 分别代表为 12 个月、6 个月、3 个月和 1 个月，分母 12 代表季节周期的最大值；$j$ 用于表示太阳活动指数 $F10.7_{12}$ 或 $R_{12}$ 的变化特性，可用 1 阶、2 阶、3 阶或更高阶函数来表示；最高谐波次数 $K$ 和 $J$ 可通过 LS 回归分析确定；系数 $\beta_{k,j}$、$\gamma_{k,j}$、$\beta'_{k,j}$ 和 $\gamma'_{k,j}$ 可由给定观测数据及对应的 $F10.7_{12}$ 或 $R_{12}$ 导出，具体方法参见 5.3.1 节。

式(6-6)中：$\nu(\lambda,\varphi)$ 为磁倾角纬度；$\mu(\lambda,\varphi)$ 为修正磁倾角纬度；$l$ 为 $G(\nu)$ 和 $G(\mu)$ 的幂指数；$L$ 为最大谐波阶数；最大谐波阶数 $L$ 和系数 $g_l$ 和 $g_l'$ 可由建模对象 $X$ 观测值及对应 $\nu(\lambda,\varphi)$ 和 $\mu(\lambda,\varphi)$ LS 回归分析导出，具体方法参见 5.3.2 节。

式(6-7)中：$T$ 为世界时；$N$ 为表征昼夜变化的最大谐波数，可以通过 LS 回归分析来确定；$n$ 为谐波数（为 $0,1,\cdots,N$）；$a_n$ 和 $b_n$ 是 Fourier 系数，具体计算方法参见 5.3.3 节。

综上，M(3000)F2、$F_u$ 或 $F_l$ 月统计值对应的映射函数 $\mathcal{F}_d$、$\mathcal{F}_g$ 和 $\mathcal{F}_a$ 具体建模和验证思路如图 6-2 所示：

首先，将建模对象 $X$（具体指 MUF 传输因子 M(3000)F2、OWF 转换因子 $F_l$ 和 HPF 转换因子 $F_u$）时、空特性分离。

其次，分别对时间和空间部分进行建模：时间变化映射的确定是对建模对象 $X$ 的太阳活动和年、月动态特征进行建模，空间变化映射的确定是对建模对象地理空间变化进行建模。对每个观测站，分析建模对象 $X$ 太阳活动周年动态特性，定义建模对象与太阳活动指数 $F10.7_{12}$ 和 $R_{12}$ 以及月份 $m$ 的谐波函数。然后，利用观测数据确定时间谐波函数的系数。对于特定的太阳活动期、月份和世界时，分析建模对象 $X$ 的地理变化，定义建模对象 $X$ 与地理参数之间的谐波函数。然后，利用观测数据进行 LS 回归分析，确定空间谐波函数的系数。

最后，利用正交 Fourier 函数对谐波的昼夜变化动态特性进行建模，然后用 LS 方法拟合观测数据，确定最大谐波数。

为了评价所建模型的性能，同样选择给出的均方根误差（RMSE）作为 SML 策略进行分析：

$$\sigma = \sqrt{\frac{1}{H}\sum_{h=1}^{H}(X'_h - X_h)^2} \quad (6-8)$$

式中：$X'$ 为建模对象预测值；$X$ 为建模对象的实测值；$H$ 为统计总数。

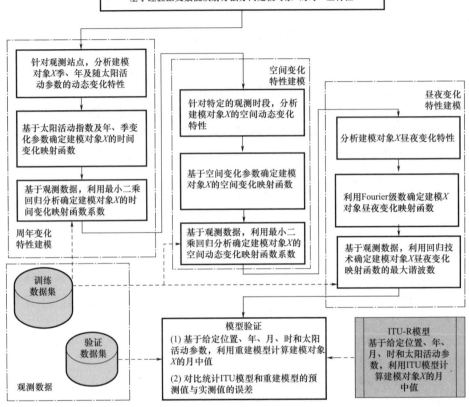

图 6-2　模型重建和验证的流程

## 6.2　建模训练数据

根据 6.1 节所确定的建模技术路线和流程,本节将具体说明用于三类参数建模的训练数据。

### 6.2.1　M(3000)F2 建模训练数据

如图 6-3 所示,在此选用 42 个站点 1949—2018 年的 M(3000)F2 观测数据对拟定模型及参数进行训练学习,站点位置及数据量如表 6-1 所列。所选观测站点同样覆盖高、中、低纬度的三个区域;所有采集站点的数据分布及其对应的太阳活动参数如图 6-4 所示,所选数据覆盖了 6 个太阳周期活动的上升和下降期,所选建模站点均能在一个太阳周期内提供 6 年以上的数据。对于采集数据,统一选择 60min 的采样间隔用于建模。

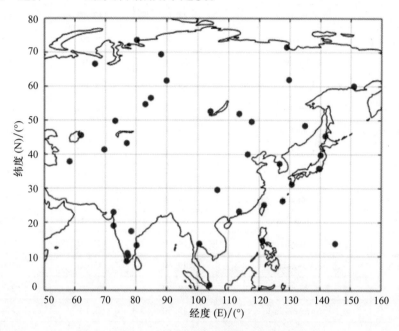

图 6-3　M(3000)F2 建模站点分布

表 6-1　M(3000)F2 建模站位置及对应数据量

| 序号 | 站名 | 纬度(N)/(°) | 经度(E)/(°) | 建模数据量/条 |
|---|---|---|---|---|
| 1 | Ahmedabad | 23.00 | 72.60 | 5424 |
| 2 | Akita | 39.70 | 140.10 | 11272 |
| 3 | Alma Ata | 43.20 | 76.90 | 9144 |
| 4 | Ashkhabad | 37.90 | 58.30 | 13578 |
| 5 | Bangkok | 13.70 | 100.60 | 2950 |
| 6 | Beijing | 40.00 | 116.30 | 7390 |
| 7 | Bombay | 19.00 | 72.80 | 3483 |
| 8 | Chita | 52.00 | 113.50 | 1785 |
| 9 | Chongqing | 29.50 | 106.40 | 7463 |
| 10 | Delhi | 10.80 | 77.20 | 6541 |
| 11 | Dikson | 73.50 | 80.40 | 6580 |
| 12 | Guam | 13.60 | 144.90 | 2655 |

续表

| 序号 | 站名 | 纬度(N)/(°) | 经度(E)/(°) | 建模数据量/条 |
|---|---|---|---|---|
| 13 | Guangzhou | 23.10 | 113.40 | 7566 |
| 14 | Hyderabad | 17.40 | 78.60 | 2063 |
| 15 | Irkutsk | 52.50 | 104.00 | 12969 |
| 16 | Karaganda | 49.80 | 73.10 | 6739 |
| 17 | Khabarovsk | 48.50 | 135.10 | 11094 |
| 18 | Kodaikanal | 10.20 | 77.50 | 7498 |
| 19 | Kokubunji | 35.70 | 139.50 | 17205 |
| 20 | Kwajalein | 9.00 | 167.20 | 1277 |
| 21 | Madras | 13.10 | 80.30 | 1894 |
| 22 | Magadan | 60.00 | 151.00 | 10639 |
| 23 | Manila | 14.60 | 121.10 | 12133 |
| 24 | Manzhouli | 49.60 | 117.50 | 8606 |
| 25 | Norilsk | 69.40 | 88.10 | 5947 |
| 26 | Novokazalinsk | 45.50 | 62.10 | 7224 |
| 27 | Novosibirsk | 54.60 | 83.20 | 10457 |
| 28 | Okinawa | 26.30 | 127.80 | 16999 |
| 29 | Petropavlovsk | 53.00 | 15.70 | 5741 |
| 30 | Providenie Bay | 64.40 | 173.40 | 5113 |
| 31 | Salekhard | 66.50 | 66.50 | 11883 |
| 32 | Seoul | 37.20 | 126.60 | 4037 |
| 33 | Singapore | 1.40 | 103.80 | 6466 |
| 34 | Taipei | 25.00 | 121.50 | 10721 |
| 35 | Tashkent | 41.30 | 69.60 | 12106 |
| 36 | Tiksi Bay | 71.60 | 128.90 | 3705 |
| 37 | Tomsk | 56.50 | 84.90 | 15123 |
| 38 | Trivandrum | 8.50 | 77.00 | 1361 |
| 39 | Tunguska | 61.60 | 90.00 | 9757 |
| 40 | Wakkanai | 45.40 | 141.70 | 17110 |
| 41 | Yakutsk | 62.00 | 129.60 | 9722 |
| 42 | Yamagawa | 31.20 | 130.60 | 16091 |

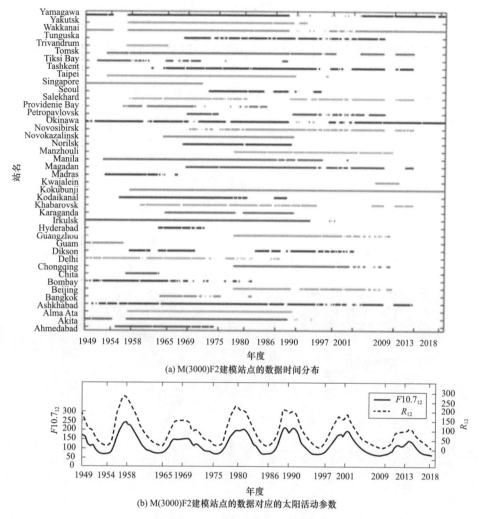

图 6-4 M(3000)F2 建模数据及对应太阳活动变化

## 6.2.2 OWF 与 HPF 转换因子建模训练数据

根据 OWF 转换因子 $F_l$ 和 HPF 转换因子 $F_u$ 定义，该两类参数可由 foF2 观测值导出：

$$F_l = \frac{foF2(90\%)}{foF2(50\%)} \tag{6-9}$$

$$F_u = \frac{foF2(10\%)}{foF2(50\%)} \tag{6-10}$$

式中:foF2(10%)、foF2(50%)和 foF2(90%)分别指 foF2 月观测值的上十分值、中值和下十分值。

在此共筛选出亚洲区域的 18 个站点 1949—2018 年的数据进行建模;$F_l$ 与 $F_u$ 建模站点分布如图 6-5 所示,所选站点同样覆盖高、中、低纬度的三个电离层特征区域;$F_l$ 与 $F_u$ 建模数据及对应太阳活动期如图 6-6 所示,所选数据所经历的时间涵盖了 6 个太阳周期,用于建模的站点数据同样存在不连续性,所用数据量如表 6-2 所列。其中,只有站点能在一个太阳周期内提供 6 年以上的数据用于建模。

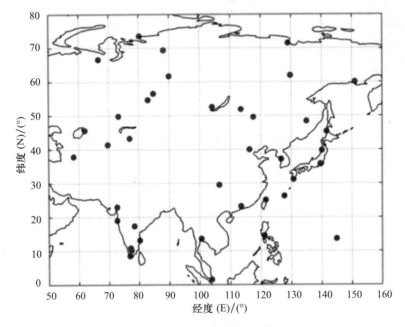

图 6-5 $F_l$ 与 $F_u$ 建模站点分布

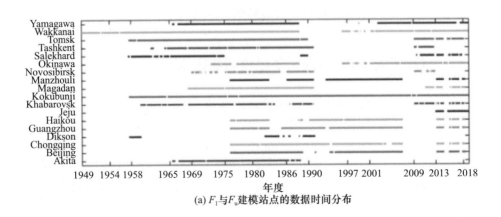

(a) $F_l$ 与 $F_u$ 建模站点的数据时间分布

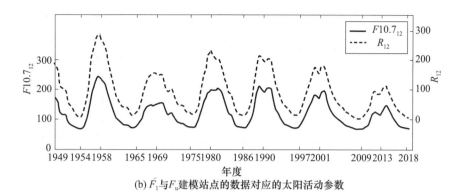

(b) $F_l$ 与 $F_u$ 建模站点的数据对应的太阳活动参数

图 6-6　$F_l$ 与 $F_u$ 建模数据及对应太阳活动期

表 6-2　$F_l$ 与 $F_u$ 建模站位置及对应数据量

| 序号 | 站名 | 纬度(N)/(°) | 经度(E)/(°) | 建模数据量/条 |
|---|---|---|---|---|
| 1 | Akita | 39.70 | 140.10 | 6446 |
| 2 | Beijing | 40.00 | 116.30 | 8770 |
| 3 | Chongqing | 29.50 | 106.40 | 9543 |
| 4 | Dikson | 73.50 | 80.40 | 2326 |
| 5 | Guangzhou | 23.10 | 113.40 | 9190 |
| 6 | Haikou | 20.00 | 110.30 | 8187 |
| 7 | Jeju | 33.50 | 126.50 | 1463 |
| 8 | Khabarovsk | 48.50 | 135.10 | 9733 |
| 9 | Kokubunji | 35.70 | 139.50 | 17522 |
| 10 | Magadan | 60.00 | 151.00 | 7979 |
| 11 | Manzhouli | 49.60 | 117.50 | 8589 |
| 12 | Novosibirsk | 54.60 | 83.20 | 5787 |
| 13 | Okinawa | 26.30 | 127.80 | 10187 |
| 14 | Salekhard | 66.50 | 66.50 | 6592 |
| 15 | Tashkent | 41.30 | 69.60 | 8756 |
| 16 | Tomsk | 56.50 | 84.90 | 11644 |
| 17 | Wakkanai | 45.40 | 141.70 | 17672 |
| 18 | Yamagawa | 31.20 | 130.60 | 11256 |

## 6.3　M(3000)F2 精细化建模

本节将针对 M(3000)F2,基于上述所述建模站点的观测数据利用 SML 方法确定出时、空动态变化映射的具体表达式。

图 6-7 给出了利用全部训练站点不同建模阶次 $J$ 和 $K$ 的 M(3000)F2 的均方根误差,从图中可以看出:

(1) $J=2$ 比 $J=1$ 具有更好的收敛性和鲁棒性;

(2) 当 $J=2$ 和 $K=3$ 的情况时结果收敛。

因此,确定 $J=2$ 和 $K=3$ 为最优参数。

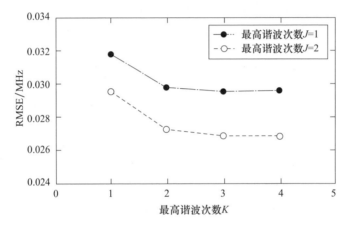

图 6-7　不同太阳活动指数及最高谐波次数所得 M(3000)F2 预测误差分布

根据确定的 $J=2$ 和 $K=3$,$\mathcal{F}_a$ 可具体表示为

$$\hat{M}(3000)F2(F10.7_{12},R_{12},m) = \mathcal{F}_a(F10.7_{12},R_{12},m)$$

$$= \sum_{k=0}^{3}\sum_{j=0}^{2}\left[\beta_{k,j}F10.7_{12}^{j}\cdot\cos\left(\frac{2\pi km}{12}\right)+\right.$$

$$\gamma_{k,j}F10.7_{12}^{j}\cdot\sin\left(\frac{2\pi km}{12}\right)+\beta'_{k,j}R_{12}^{j}\cdot\cos\left(\frac{2\pi km}{12}\right)+$$

$$\left.\gamma'_{k,j}R_{12}^{j}\cdot\sin\left(\frac{2\pi km}{12}\right)\right]$$

(6-11)

式中:$\beta_{k,j}$、$\gamma_{k,j}$、$\beta'_{k,j}$ 和 $\gamma'_{k,j}$ 通过 LS 回归分析确定。

根据式(6-11),利用各站点观测数据进行 LS 回归分析,即可得各站点对应的 $\beta_{k,j}$、$\gamma_{k,j}$、$\beta'_{k,j}$ 和 $\gamma'_{k,j}$。图 6-8 给出了 Wakkanai 站 $\beta_{k,j}$、$\gamma_{k,j}$、$\beta'_{k,j}$ 和 $\gamma'_{k,j}$ 系数分

布实例,由图可以看出,$\beta_{0,0}$ 和 $\gamma'_{0,0}$ 较其他系数数值要高,说明 $\beta_{0,0}$ 和 $\gamma'_{0,0}$ 在全部系数中的权重相对要高。

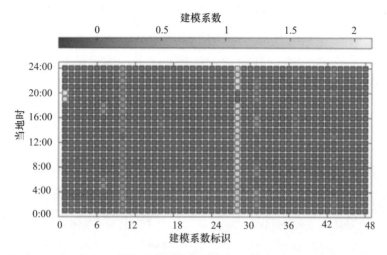

图 6-8　M(3000)F2 周年变化函数重建参数实例(Wakkanai 站)(见彩图)

图中建模系统坐标标识 1~48 分别对应 $\beta_{0,0}$、$\beta_{0,1}$、$\beta_{0,2}$、$\gamma_{0,0}$、$\gamma_{0,1}$、$\gamma_{0,2}$、$\beta_{1,0}$、$\beta_{1,1}$、$\beta_{1,2}$、$\gamma_{1,0}$、$\gamma_{1,1}$、$\gamma_{1,2}$、$\beta_{2,0}$、$\beta_{2,1}$、$\beta_{2,2}$、$\gamma_{2,0}$、$\gamma_{2,1}$、$\gamma_{2,2}$、$\beta_{3,0}$、$\beta_{3,1}$、$\beta_{3,2}$、$\gamma_{3,0}$、$\gamma_{3,1}$、$\gamma_{3,2}$、$\beta'_{0,0}$、$\beta'_{0,1}$、$\beta'_{0,2}$、$\gamma'_{0,0}$、$\gamma'_{0,1}$、$\gamma'_{0,2}$、$\beta'_{1,0}$、$\beta'_{1,1}$、$\beta'_{1,2}$、$\gamma'_{1,0}$、$\gamma'_{1,1}$、$\gamma'_{1,2}$、$\beta'_{2,0}$、$\beta'_{2,1}$、$\beta'_{2,2}$、$\gamma'_{2,0}$、$\gamma'_{2,1}$、$\gamma'_{2,2}$、$\beta'_{3,0}$、$\beta'_{3,1}$、$\beta'_{3,2}$、$\gamma'_{3,0}$、$\gamma'_{3,1}$、$\gamma'_{3,2}$。

图 6-9 给出了不同地理位置建模参数和不同的最高谐波次数 $L$ 条件下 M(3000)F2 预测的 RMSE 分布图。由图 6-9 可以看出,当 $L \geq 3$ 时,RMSE 开始收敛,仅有小幅振荡,即 $L=3$ 能够保证 M(3000)F2 具有较好的预测精度。因此,选择磁倾角纬度及其修正值的 3 次谐波来确定 M(3000)F2 空间动态变化模型。

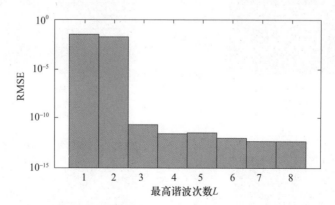

图 6-9　不同地理位置建模参数及阶数所得的 M(3000)F2 预测误差分布

至此,式(6-6)可明确地写为

$$\widetilde{M}(3000)F2(\lambda,\varphi) = \mathcal{F}_g(\lambda,\varphi)$$
$$= g_0 + \sum_{l=1}^{3} \{g_l \cdot \sin^l(\nu) + g'_l \cdot \sin^l(\mu)\} \quad (6-12)$$
$$= g_0 + g_1 \cdot \sin(\nu) + g_2 \cdot \sin^2(\nu) + g_3 \cdot \sin^3(\nu) +$$
$$g'_1 \cdot \sin(\mu) + g'_2 \cdot \sin^2(\mu) + g'_3 \cdot \sin^3(\mu)$$

式中：$\nu$ 为磁倾角纬度；$\mu$ 为修正磁倾角纬度；回归系数 $g_l$ 和 $g_l'$ 通过 LS 回归分析方法确定。

图 6-10 给出了太阳活动低年和太阳活动高年的空间重建系数实例。

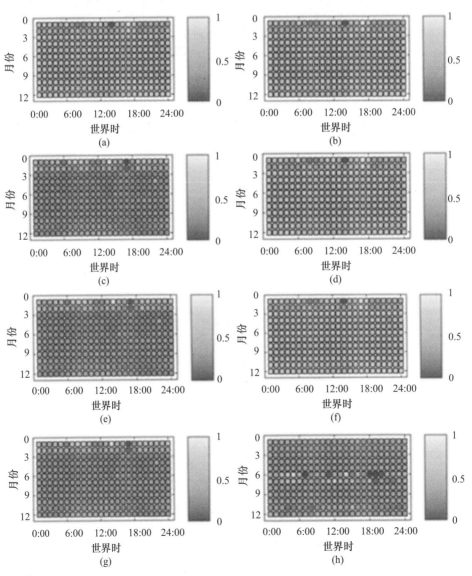

# 第6章 区域化细粒度HF通信可用频率增强预测模型

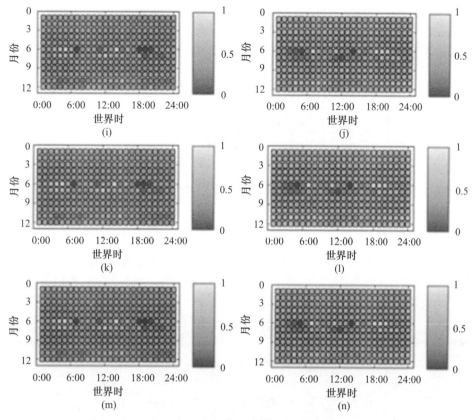

图 6-10 M(3000)F2 空间变化映射回归系数实例(见彩图)

(a)~(g)太阳活动高年($F10.7_{12}=120, R_{12}=100$)空间动态变化系数 $g_0、g_1、g_2、g_3、g_1'、g_2'、g_3'$ 归一化值;(h)~(n)太阳活动低年($F10.7_{12}=70, R_{12}=10$)空间动态变化系数 $g_0、g_1、g_2、g_3、g_1'、g_2'、g_3'$ 归一化值。

根据式(6-8),可分析得到 M(3000)F2 预测 RMSE 和最大谐波数 $N$ 之间的关系,如图 6-11 所示,由图可以看出,当最大谐波数 $N$ 达到11,能够确保最高的精度和鲁棒性。因此,同样确定表示昼夜变化的最大谐波数为11。

至此,M(3000)F2 的预测模型可明确表示为

$$M(3000)F2(\lambda,\varphi,F10.7_{12},R_{12},m,T) = a_0(\lambda,\varphi,F10.7_{12},R_{12},m,) + \sum_{n=1}^{11}\left[a_n(\lambda,\varphi,F10.7_{12},R_{12},m) \cdot \cos\left(\frac{\pi}{12}nT\right) + b_n(\lambda,\varphi,F10.7_{12},R_{12},m) \cdot \sin\left(\frac{\pi}{12}nT\right)\right]$$

(6-13)

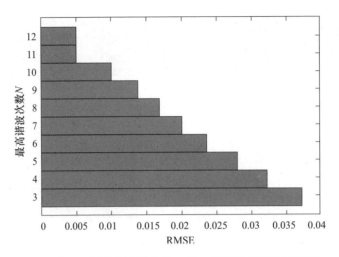

图 6-11　不同最高谐波次数 $N$ 的 M(3000)F2 预测 RMSE

其中

$$a_0 = \frac{1}{24}\sum_{i=-12}^{11}\tilde{M}(3000)F2^i(\lambda,\varphi)$$

$$a_n = \frac{1}{12}\sum_{i=-12}^{11}\tilde{M}(3000)F2^i(\lambda,\varphi)\cdot\cos(n\cdot iT)$$

$$b_n = \frac{1}{12}\sum_{i=-12}^{11}\tilde{M}(3000)F2^i(\lambda,\varphi)\cdot\sin(n\cdot iT)$$

式中：$\tilde{M}(3000)F2(\lambda,\varphi)$ 可由空间动态变化系数（$g_l$ 和 $g_l'$）和式(6-14)导出。

$$\begin{aligned}\tilde{M}(3000)F2(\lambda,\varphi) &= g_0[\hat{M}(3000)F2(F10.7_{12},R_{12},m),s=1,2,\cdots] + \\ &\sum_{l=1}^{3}\{g_l[\hat{M}(3000)F2(F10.7_{12},R_{12},m),s=1,2,\cdots]\cdot \\ &\sin^l(\nu) + g_l'[\hat{M}(3000)F2(F10.7_{12},R_{12},m), \\ &s=1,2,\cdots]\cdot\sin^l(\mu)\}\end{aligned} \quad (6-14)$$

式中：$s=1,2,\cdots$ 对应建模站；$\hat{M}(3000)F2(F10.7_{12},R_{12},m)$ 可由年动态变化系数（$\beta_{k,j}$、$\gamma_{k,j}$、$\beta_{k,j}'$ 和 $\gamma_{k,j}'$）和式(6-11)导出。

## 6.4　OWF 转换因子细粒度建模

本节将针对 OWF 转换因子 $F_1$，基于如上所述建模站点的观测数据利用 SML 详细确定出时空变化映射函数的具体表达式。

图 6-12 给出了全部训练站点不同建模阶次 $J$ 和 $K$ 的 $F_1$ 预测 RMSE。如图所示,与 M(3000)F2 类似,当 $J=2$ 和 $K=3$ 时结果趋于收敛。因此,确定 $J=2$ 和 $K=3$ 为最优参数。

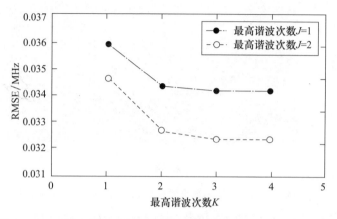

图 6-12  不同太阳活动指数及最高谐波次数所得 $F_1$ 预测误差分布

根据确定的 $J=2$ 和 $K=3$,与 M(3000)F2 类似,$F_1$ 具体表达式可表示为

$$\hat{F}_1(F10.7_{12}, R_{12}, m) = \mathcal{F}_a(F10.7_{12}, R_{12}, m)$$

$$= \sum_{k=0}^{3} \sum_{j=0}^{2} \left[ \beta_{k,j} F10.7_{12}^j \cdot \cos\left(\frac{2\pi km}{12}\right) + \gamma_{k,j} F10.7_{12}^j \cdot \sin\left(\frac{2\pi km}{12}\right) \right. \quad (6-15)$$

$$+ \beta'_{k,j} R_{12}^j \cdot \cos\left(\frac{2\pi km}{12}\right) +$$

$$\left. \gamma'_{k,j} R_{12}^j \cdot \sin\left(\frac{2\pi km}{12}\right) \right]$$

式中:$\beta_{k,j}$、$\gamma_{k,j}$、$\beta'_{k,j}$ 和 $\gamma'_{k,j}$ 通过 LS 回归分析方法确定。

根据式(6-11),利用各站点观测数据进行 LS 回归分析,即可得各站点对应的 $\beta_{k,j}$、$\gamma_{k,j}$、$\beta'_{k,j}$ 和 $\gamma'_{k,j}$。图 6-13 给出了 Yamagawa 站 $\beta_{k,j}$、$\gamma_{k,j}$、$\beta'_{k,j}$ 和 $\gamma'_{k,j}$ 系数分布实例,由图可以看出,$\beta_{0,0}$ 和 $\gamma'_{0,0}$ 较其他系数的数值要高,且随当地时变化更为剧烈,说明 $\beta_{0,0}$ 和 $\gamma'_{0,0}$ 在全部系数中权重相对要高。

图 6-14 给出了不同地理位置建模参数和不同的最高谐波次数 $L$ 条件下 $F_1$ 均方根误差分布图。当 $L \geq 6$ 时,结果开始收敛,仅有小幅振荡,即 $L=6$ 能够保证 $F_1$ 具有较好的预测精度。因此,选择磁倾角纬度及其修正值的 6 次模型进行 $F_1$ 空间动态变化特性建模。

至此,式(6-6)可明确地写为

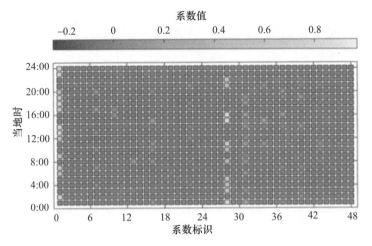

图6-13 $F_1$ 周年变化函数重建参数例（Yamagawa站）（见彩图）

图中建模系统坐标标识1~48分别对应 $\beta_{0,0}$、$\beta_{0,1}$、$\beta_{0,2}$、$\gamma_{0,0}$、$\gamma_{0,1}$、$\gamma_{0,2}$、$\beta_{1,0}$、$\beta_{1,1}$、$\beta_{1,2}$、$\gamma_{1,0}$、$\gamma_{1,1}$、$\gamma_{1,2}$、$\beta_{2,0}$、$\beta_{2,1}$、$\beta_{2,2}$、$\gamma_{2,0}$、$\gamma_{2,1}$、$\gamma_{2,2}$、$\beta_{3,0}$、$\beta_{3,1}$、$\beta_{3,2}$、$\gamma_{3,0}$、$\gamma_{3,1}$、$\gamma_{3,2}$、$\beta'_{0,0}$、$\beta'_{0,1}$、$\beta'_{0,2}$、$\gamma'_{0,0}$、$\gamma'_{0,1}$、$\gamma'_{0,2}$、$\beta'_{1,0}$、$\beta'_{1,1}$、$\beta'_{1,2}$、$\gamma'_{1,0}$、$\gamma'_{1,1}$、$\gamma'_{1,2}$、$\beta'_{2,0}$、$\beta'_{2,1}$、$\beta'_{2,2}$、$\gamma'_{2,0}$、$\gamma'_{2,1}$、$\gamma'_{2,2}$、$\beta'_{3,0}$、$\beta'_{3,1}$、$\beta'_{3,2}$、$\gamma'_{3,0}$、$\gamma'_{3,1}$、$\gamma'_{3,2}$。

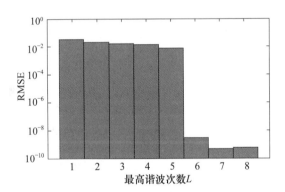

图6-14 不同地理位置建模参数及最高谐波次数所得的 $F_1$ 预测误差分布

$$\begin{aligned}
F_l(\lambda,\varphi) &= \mathcal{F}_g(\lambda,\varphi) \\
&= g_0 + \sum_{l=1}^{6}\{g_l \cdot \sin^l(\nu) + g'_l \cdot \sin^l(\mu)\} \\
&= g_0 + g_1 \cdot \sin(\nu) + g_2 \cdot \sin^2(\nu) + g_3 \cdot \sin^3(\nu) + \\
&\quad g_4 \cdot \sin^4(\nu) + g_5 \cdot \sin^5(\nu) + g_6 \cdot \sin^6(\nu) + \\
&\quad g'_1 \cdot \sin(\mu) + g'_2 \cdot \sin^2(\mu) + g'_3 \cdot \sin^3(\mu) + \\
&\quad g'_4 \cdot \sin^4(\mu) + g'_5 \cdot \sin^5(\mu) + g'_6 \cdot \sin^6(\mu)
\end{aligned} \quad (6-16)$$

式中：$\nu$ 为磁倾角纬度；$\mu$ 为修正磁倾角纬度；回归系数 $g_l$ 和 $g'_l$ 通过LS回归分析

方法确定。

图 6-15 和图 6-16 给出的是太阳活动低年和高年的 $F_1$ 空间重建系数实例。

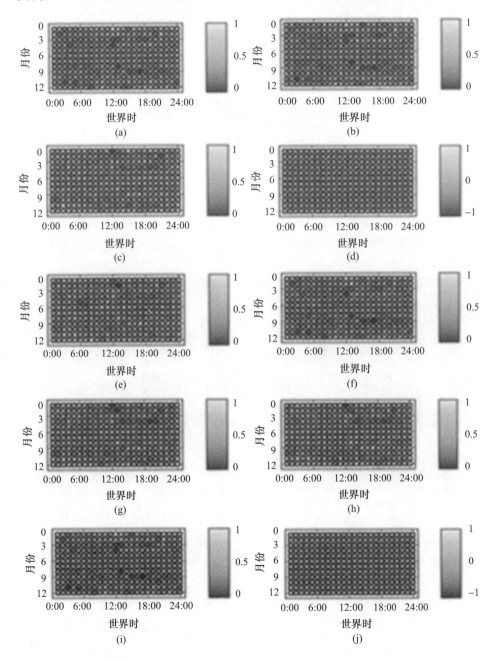

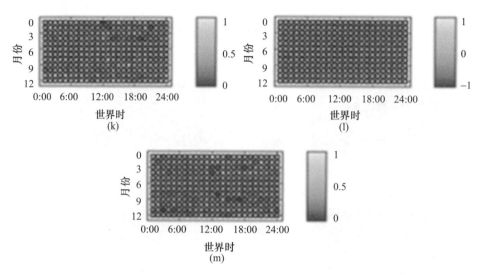

图 6-15 太阳活动低年($F10.7_{12}=70, R_{12}=10$)$F_1$空间变化映射回归系数实例(见彩图)

(a)~(m)分别代表空间动态变化系数$g_0$、$g_1$、$g_2$、$g_3$、$g_4$、$g_5$、$g_6$、$g'_1$、$g'_2$、$g'_3$、$g'_4$、$g'_5$、$g'_6$归一化值。

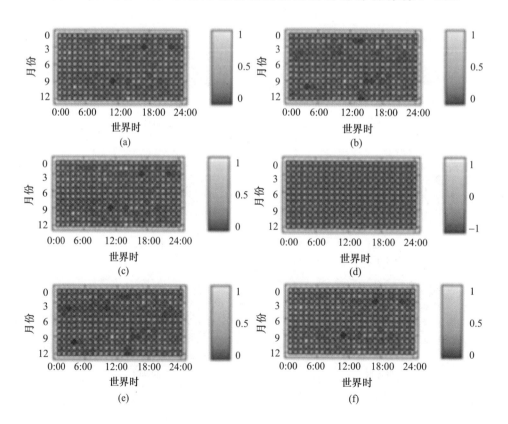

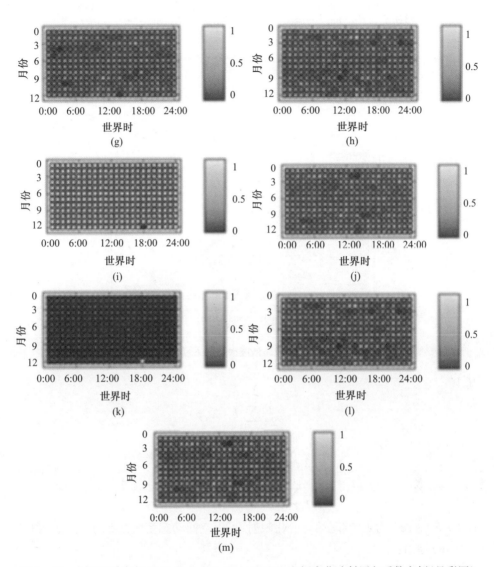

图 6-16 太阳活动高年($F10.7_{12}=120, R_{12}=100$)$F_1$ 空间变化映射回归系数实例(见彩图)

(a)~(m)分别代表空间动态变化系数 $g_0$、$g_1$、$g_2$、$g_3$、$g_4$、$g_5$、$g_6$、$g_1'$、$g_2'$、$g_3'$、$g_4'$、$g_5'$、$g_6'$ 归一化值。

根据式(6-8)可以分析了 $F_1$ 预测结果和最大谐波数 $N$ 之间的关系。图 6-17 给出全部建模站点的 RMSE 统计结果。由图 6-17 不同最高谐波次数的 $F_1$ 预测 RMSE 可以看出,当最大谐波数 $N$ 达到 11,能够确保最高的精度和鲁棒性。因此,同样确定表示昼夜变化的最大谐波数为 11。至此,OWF 转换因子 $F_1$ 预测模型可明确表示为

$$F_1(\lambda,\varphi,F10.7_{12},R_{12},m,T) = a_0(\lambda,\varphi,F10.7_{12},R_{12},m,) +$$
$$\sum_{n=1}^{11}\left[a_n(\lambda,\varphi,F10.7_{12},R_{12},m)\cdot\cos\left(\frac{\pi}{12}nT\right) +\right.$$
$$\left.b_n(\lambda,\varphi,F10.7_{12},R_{12},m)\cdot\sin\left(\frac{\pi}{12}nT\right)\right]$$
(6-17)

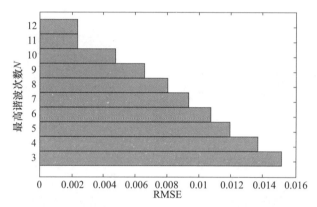

图 6-17　不同最高谐波次数的 $F_1$ 预测 RMSE

其中

$$a_0 = \frac{1}{24}\sum_{i=-12}^{11}\widetilde{F}_1^i(\lambda,\varphi)$$

$$a_n = \frac{1}{12}\sum_{i=-12}^{11}\widetilde{F}_1^i(\lambda,\varphi)\cdot\cos(n\cdot iT)$$

$$b_n = \frac{1}{12}\sum_{i=-12}^{11}\widetilde{F}_1^i(\lambda,\varphi)\cdot\sin(n\cdot iT)$$

式中：$\widetilde{F}_1^i(\lambda,\varphi)$ 为 $F_1$ 空间动态变化映射，可由空间动态变化系数（$g_l$ 和 $g'_l$）和式（6-18）导出：

$$\widetilde{F}_1^i(\lambda,\varphi) = g_0[\hat{F}_1(F10.7_{12},R_{12},m),s=1,2,\cdots] +$$
$$\sum_{l=1}^{6}\{g_l[\hat{F}_1(F10.7_{12},R_{12},m),s=1,2,\cdots]\cdot\sin^l(\nu) + \quad (6-18)$$
$$g'_l[\hat{F}_1(F10.7_{12},R_{12},m),s=1,2,\cdots]\cdot\sin^l(\mu)\}$$

式中：$s=1,2,\cdots$ 对应建模站；$\nu$ 为磁倾角纬度；$\mu$ 为修正磁倾角纬度；$F10.7_{12}$ 为 10.7cm 太阳射电通量 12 个月滑动平均值；$R_{12}$ 为太阳黑子数 12 个月滑动平均值；$m$ 为代表月份的标量；$\hat{F}_1(F10.7_{12},R_{12},m)$ 可由年动态变化系数（$\beta_{k,j}$、$\gamma_{k,j}$、$\beta'_{k,j}$ 和 $\gamma'_{k,j}$）和式（6-15）导出。

## 6.5 HPF 转换因子细粒度建模

本节将针对 HPF 转换因子 $F_u$，利用如上所述建模站点的探测数据详细确定出时间变化映射的具体表达式。

图 6-18 给出了全部训练站点不同建模阶次 $J$ 和 $K$ 的 $F_u$ 预测 RMSE。如图所示，与 M(3000)F2、OWF 转换因子 $F_1$ 类似，当 $J=2$ 和 $K=3$ 时结果趋于收敛。因此，确定 $J=2$ 和 $K=3$ 为最优参数。根据确定的 $J=2$ 和 $K=3$，与 M(3000)F2、$F_1$ 类似，$F_u$ 具体表达式可表示为

$$\begin{aligned}
\hat{F}_u(F10.7_{12},R_{12},m) &= \mathcal{F}_a(F10.7_{12},R_{12},m) \\
&= \sum_{k=0}^{3}\sum_{j=0}^{2}\Big[\beta_{k,j}F10.7_{12}^{j}\cdot\cos\Big(\frac{2\pi km}{12}\Big) + \\
&\quad \gamma_{k,j}F10.7_{12}^{j}\cdot\sin\Big(\frac{2\pi km}{12}\Big) + \beta'_{k,j}R_{12}^{j}\cdot\cos\Big(\frac{2\pi km}{12}\Big) + \\
&\quad \gamma'_{k,j}R_{12}^{j}\cdot\sin\Big(\frac{2\pi km}{12}\Big)\Big]
\end{aligned} \quad (6-19)$$

式中：$\beta_{k,j}$、$\gamma_{k,j}$、$\beta'_{k,j}$ 和 $\gamma'_{k,j}$ 通过 LS 回归分析方法确定。

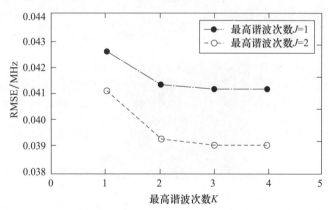

图 6-18 不同太阳活动指数及最高谐波次数所得 $F_u$ 预测误差气泡图

根据式(6-11)，利用各站点观测数据进行 LS 回归分析，即可得各站点对应的 $\beta_{k,j}$、$\gamma_{k,j}$、$\beta'_{k,j}$ 和 $\gamma'_{k,j}$，$F_u$ 周年变化函数重建参数例（Yamagawa 站）如图 6-19 所示。由图可以看出，$\beta_{0,0}$ 和 $\gamma'_{0,0}$ 较其他系数的数值要高，且随当地时变化更为剧烈，说明 $\beta_{0,0}$ 和 $\gamma'_{0,0}$ 在全部系数中权重相对要高，这与 $F_1$ 回归系数变化规律类似。

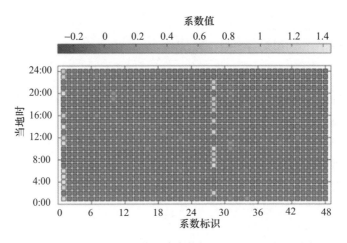

图 6-19　$F_u$ 周年变化函数重建参数例（Yamagawa 站）（见彩图）

图中建模系统坐标标识 1~48 分别对应 $\beta_{0,0}$、$\beta_{0,1}$、$\beta_{0,2}$、$\gamma_{0,0}$、$\gamma_{0,1}$、$\gamma_{0,2}$、$\beta_{1,0}$、$\beta_{1,1}$、$\beta_{1,2}$、$\gamma_{1,0}$、$\gamma_{1,1}$、$\gamma_{1,2}$、$\beta_{2,0}$、$\beta_{2,1}$、$\beta_{2,2}$、$\gamma_{2,0}$、$\gamma_{2,1}$、$\gamma_{2,2}$、$\beta_{3,0}$、$\beta_{3,1}$、$\beta_{3,2}$、$\gamma_{3,0}$、$\gamma_{3,1}$、$\gamma_{3,2}$、$\beta'_{0,0}$、$\beta'_{0,1}$、$\beta'_{0,2}$、$\gamma'_{0,0}$、$\gamma'_{0,1}$、$\gamma'_{0,2}$、$\beta'_{1,0}$、$\beta'_{1,1}$、$\beta'_{1,2}$、$\gamma'_{1,0}$、$\gamma'_{1,1}$、$\gamma'_{1,2}$、$\beta'_{2,0}$、$\beta'_{2,1}$、$\beta'_{2,2}$、$\gamma'_{2,0}$、$\gamma'_{2,1}$、$\gamma'_{2,2}$、$\beta'_{3,0}$、$\beta'_{3,1}$、$\beta'_{3,2}$、$\gamma'_{3,0}$、$\gamma'_{3,1}$、$\gamma'_{3,2}$。

图 6-20 给出了不同地理位置建模参数和不同的最高谐波次数 $L$ 条件下 $F_u$ 均方根误差分布图。当 $L \geq 6$ 时，结果开始收敛，仅有小幅振荡，即 $L=6$ 能够保证 $F_u$ 具有较好的预测精度。因此，选择磁倾角纬度及其修正值的 6 次模型进行 $F_u$ 空间动态变化特性建模。

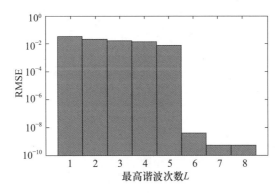

图 6-20　不同地理位置建模参数及最高谐波次数所得的 $F_u$ 预测误差分布

至此，式(6-6)可明确地写为

$$F_u(\lambda,\varphi) = \mathcal{F}_g(\lambda,\varphi) \\ = g_0 + \sum_{l=1}^{6} \{g_l \cdot \sin^l(\nu) + g'_l \cdot \sin^l(\mu)\} \tag{6-20}$$

式中：$\nu$ 为磁倾角纬度；$\mu$ 为修正磁倾角纬度；回归系数 $g_l$ 和 $g'_l$ 通过 LS 回归分析

方法确定。

图 6-21 和图 6-22 分别给出了 $F_u$ 太阳活动低年和太阳活动高年的空间重建系数实例。

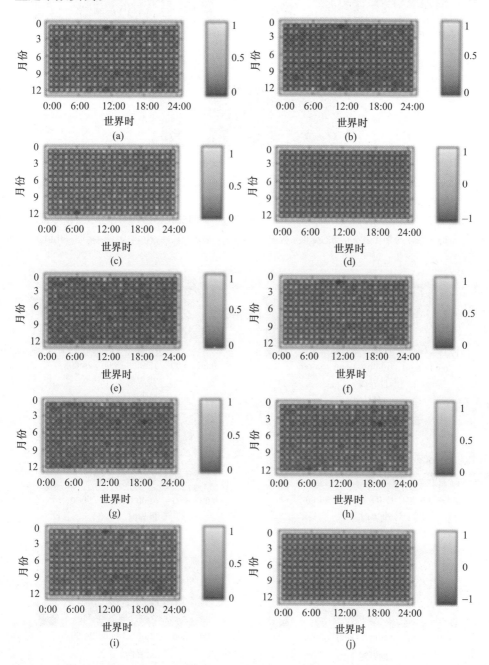

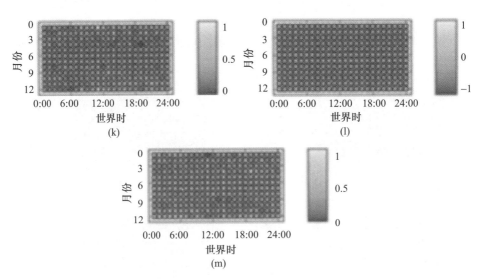

图 6-21 太阳活动低年($F10.7_{12}=70, R_{12}=10$)$F_u$ 空间变化映射回归系数实例(见彩图)

(a)~(m) 分别代表空间动态变化系数 $g_0$、$g_1$、$g_2$、$g_3$、$g_4$、$g_5$、$g_6$、$g'_1$、$g'_2$、$g'_3$、$g'_4$、$g'_5$、$g'_6$ 归一化值。

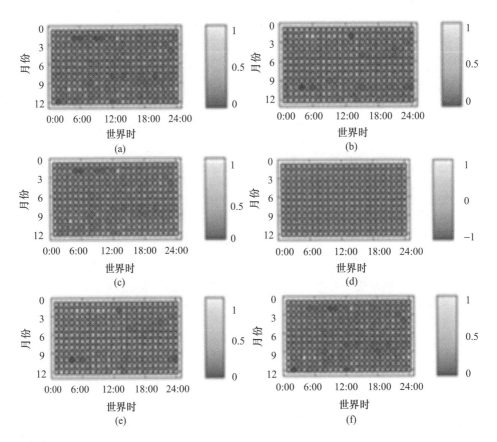

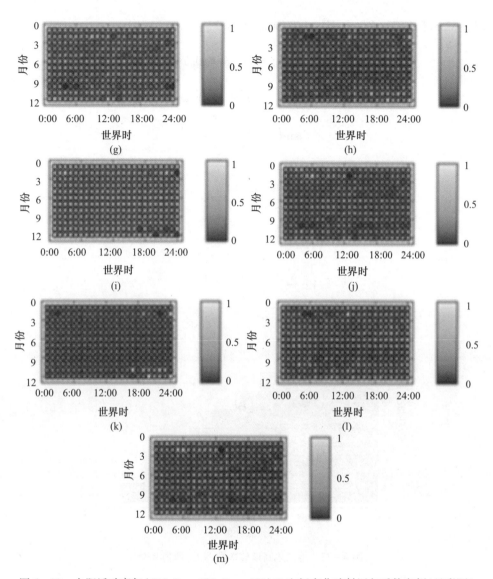

图6-22 太阳活动高年($F10.7_{12}=120, R_{12}=100$)$F_1$空间变化映射回归系数实例(见彩图)
(a)~(m)分别代表空间动态变化系数$g_0$、$g_1$、$g_2$、$g_3$、$g_4$、$g_5$、$g_6$、$g_1'$、$g_2'$、$g_3'$、$g_4'$、$g_5'$、$g_6'$归一化值。

根据式(6-8)可以分析得到$F_u$预测结果和最大谐波数$N$之间的关系。图6-23给出全部建模站点的RMSE统计结果。

由图6-23可以看出,当最大谐波数$N$达到11,能够确保最高的精度和鲁棒性。因此,同样确定表示昼夜变化的最大谐波数为11。至此,HPF转换因子$F_u$的预测模型可明确表示为

$$F_u(\lambda,\varphi,F10.7_{12},R_{12},m,T) = a_0(\lambda,\varphi,F10.7_{12},R_{12},m,) +$$
$$\sum_{n=1}^{11} \Big[ a_n(\lambda,\varphi,F10.7_{12},R_{12},m) \cdot$$
$$\cos\left(\frac{\pi}{12}nT\right) + b_n(\lambda,\varphi,F10.7_{12},R_{12},m) \cdot \quad (6-21)$$
$$\sin\left(\frac{\pi}{12}nT\right) \Big]$$

其中

$$a_0 = \frac{1}{24}\sum_{i=-12}^{11} \widetilde{F}_u^{\,i}(\lambda,\varphi)$$

$$a_n = \frac{1}{12}\sum_{i=-12}^{11} \widetilde{F}_u^i(\lambda,\varphi) \cdot \cos(n \cdot iT)$$

$$b_n = \frac{1}{12}\sum_{i=-12}^{11} \widetilde{F}_u^i(\lambda,\varphi) \cdot \sin(n \cdot iT)$$

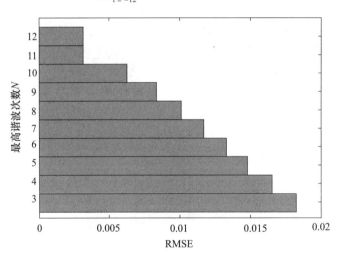

图 6-23  不同最高谐波次数的 $F_u$ 预测 RMSE

式中：$\widetilde{F}_u^{\,i}(\lambda,\varphi)$ 可由空间动态变化系数（$g_l$ 和 $g_l'$）和下式（6-22）导出：

$$\widetilde{F}_u^i(\lambda,\varphi) = g_0[\hat{F}_u(F10.7_{12},R_{12},m),s=1,2,\cdots] +$$
$$\sum_{l=1}^{6} \{g_l[\hat{F}_u(F10.7_{12},R_{12},m),s=1,2,\cdots] \cdot \sin^l(\nu) + \quad (6-22)$$
$$g_l'[\hat{F}_u(F10.7_{12},R_{12},m),s=1,2,\cdots] \cdot \sin^l(\mu)\}$$

式中：$s=1,2,\cdots$ 对应建模站；$\hat{F}_u(F10.7_{12},R_{12},m)$ 可由年动态变化系数（$\beta_{k,j}$、$\gamma_{k,j}$、$\beta_{k,j}'$ 和 $\gamma_{k,j}'$）和式（6-19）导出。

## 6.6 模型验证分析

为了验证所提出模型(标识为 PRM)的准确性,本节将 PRM 的预测性能与 ITU-R 模型的性能进行对比分析。具体分别两个过程:

(1)独立参数模型的对比,即对比单个观测站点 M(3000)F2、$F_1$ 和 $F_u$;

(2)可用频率预测模型的对比,即对比通信链路 MUF、OWF 和 HPF。

同时,为进一步评估模型的准确性,通过计算平均 RMSE 及其改进的百分比量对模型的 M(3000)F2、$F_1$ 和 $F_u$ 预测值与测量值之间的差异进行统计分析。具体定义如下:

(1)平均 RMSE

$$\sigma_{\text{ave}} = \frac{1}{w} \sum_{w}^{W} \sigma_w \tag{6-23}$$

(2)RMSE 改进百分比

$$\delta_{\text{per}} = \left( \frac{\sigma_{\text{ITU}} - \sigma_{\text{PRM}}}{\sigma_{\text{ITU}}} \right) \times 100\% \tag{6-24}$$

式中:$w$ 为站点、年度、季节或月份的具体统计数;$\sigma_{\text{ITU}}$ 为 ITU 模型预测均方误差;$\sigma_{\text{PRM}}$ 为 PRM 模型预测均方误差。

### 6.6.1 独立因子模型验证

#### 6.6.1.1 M(3000)F2 模型验证

在此选取了 Hainan、ICheon、Jeju、Macau、Okinawa、Wakkanai 等 6 个观测站点的数据用于验证。如表 6-3 所列,这 6 个站点对应了高、中、低三个太阳活动期,同时覆盖了春、夏、秋、冬四个季节。其中 Hainan、Icheon、Jeju、Macau 四个站点,由于可用数据不足半个太阳活动期,如 Hainan 站存在 2003—2004 年的数据,Jeju 站点存在 2013 年和 2018 年的数据,故仅用于验证。Okinawa 和 Wakkanai 两个站点不仅用于建模,同时用于验证。太阳活动高年包括 2014 年和 2015 年,太阳活动中期包括 2003 年和 2016 年,太阳活动低年包括 1961 年和 2017 年。Hainan 和 Okinawa 站观测数据对应于冬季,Jeju 和 Macau 站观测数据对应于夏季,Icheon 和 Wakkanai 站观测数据分别对应春季和秋季。

表6-3 用于M(3000)F2模型验证数据特征

| 序号 | 站名 | 年度 | 太阳活动期 | 月份 | 季节 | 区域 | 是否用于建模 | 图标识 |
|---|---|---|---|---|---|---|---|---|
| 1 | Hainan | 2003 | 中期 | 1月 | 冬季 | 低纬 | 否 | 图6-24(a) |
| 2 | ICheon | 2015 | 高年 | 3月 | 春季 | 中纬 | 否 | 图6-24(b) |
| 3 | Jeju | 2016 | 中期 | 6月 | 夏季 | 中纬 | 否 | 图6-24(c) |
| 4 | Macau | 1961 | 低年 | 8月 | 夏季 | 低纬 | 否 | 图6-24(d) |
| 5 | Okinawa | 2014 | 高年 | 2月 | 冬季 | 中纬 | 是 | 图6-24(e) |
| 6 | Wakkanai | 2017 | 低年 | 10月 | 秋季 | 高纬 | 是 | 图6-24(f) |

图6-24给出了Hainan、ICheon、Jeju、Macau、Okinawa、Wakkanai等6个站点PRM预测得到的M(3000)F2的日变化曲线,并与ITU模型(标识为ITU)和观测数据(标识为OBS)进行了对比。分析可知,无论是地磁平静期还是风暴期,利用ITU模型和PRM得到的M(3000)F2预测曲线都较好地反映了日变化特征的变化趋势。其中,图6-24(b)所示2015年3月处于强磁暴期,最大DST指数达到了-223 NT,图6-24(e)所示2014年2月处于中磁暴期,最大DST指数达到了-117 NT。

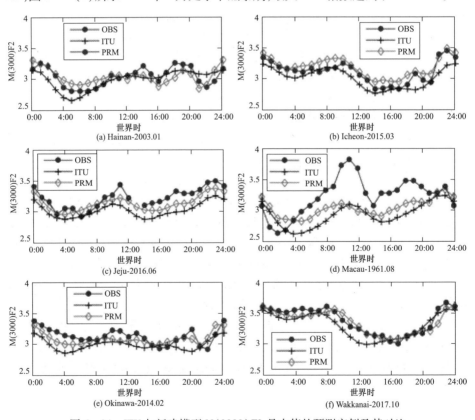

图6-24 ITU与新建模型M(3000)F2月中值的预测实例及其对比

根据式(6-23)和式(6-24)可得到不同统计条件下,M(3000)F2 实测值与两类预测模型(ITU 和 PRM)的预测值之间的平均 RMSE 和改进提升量。如表6-4 给出了 M(3000)F2 实测值与2 个预测模型(ITU 和 PRM)的预测值之间的平均 RMSE,分别对应于三个太阳活动期(高年、中期、低年)、四个季节(春季、夏季、秋季、冬季)。同时,式(6-24)分析得到了 PRM 模型相对于 ITU 模型的 RMSE 改进百分比,平均值为 33.45%。由此可以明确看出:PRM 的预测结果优于 ITU 模型的预测结果。

图6-25 给出了 2013 年 6 月世界时 4 时和 2018 年 12 月世界时 16 时 M(3000)F2 的预测月中值的空间分布。其中,世界时 4 时对应于当地时间 06:00 ~ 16:00,为白天时段;世界时 16 时对应于当地时间 18:00 ~ 次日 04:00,为夜间时段。图中地理经度和纬度的间隔为 5°。可以看出,图 6-25(a)和图 6-25(b)的空间分布具有相似的形状,类似的情况也出现在图 6-25(c)和图 6-25(d)间。同时,也可看出在局部地区存在着明显的差异性,特别是在 2018 年 12 月的高纬地区。综合表6-4 的对比结果,这种差异可证实 PRM 的空间有效性。

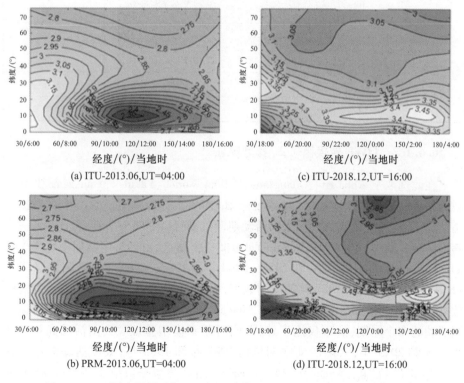

图6-25 不同太阳活动期 ITU 和重建模型预测 M(3000)F2 空间分布对比

表 6-4 不同太阳活动期、季节、时段和站点的统计误差

| 统计项 | | RMSE | | RMSE 改进百分比/% |
|---|---|---|---|---|
| | | ITU | PRM | |
| 太阳活动期 | 高年 | 0.1172 | 0.0604 | 48.46 |
| | 中期 | 0.1237 | 0.0809 | 34.61 |
| | 低年 | 0.1962 | 0.1517 | 22.69 |
| 季节 | 春季 | 0.0984 | 0.0779 | 20.83 |
| | 夏季 | 0.2540 | 0.2192 | 13.70 |
| | 秋季 | 0.0800 | 0.0241 | 69.88 |
| | 冬季 | 0.0939 | 0.0228 | 75.76 |
| 站点 | Hainan | 0.0517 | 0.0026 | 94.97 |
| | ICheon | 0.0984 | 0.0779 | 20.83 |
| | Jeju | 0.1956 | 0.1591 | 18.66 |
| | Macau | 0.3123 | 0.2792 | 10.60 |
| | Okinawa | 0.1360 | 0.0429 | 68.46 |
| | Wakkanai | 0.0800 | 0.0241 | 69.88 |
| 平均 | | 0.1413 | 0.0940 | 33.45 |

### 6.6.1.2 OWF 转换因子 $F_1$ 模型验证

在此选取了 Alma Ata、Guangzhou、Hainan、Norish、Yakutsk、Yamagama 共 6 个观测站点的数据用于所建模型的验证。如表 6-5 所列，根据采集得到的数据可用情况，随机匹配了高、中、低太阳活动期，春、夏、秋、冬四个季节，高、中、低三个纬度区域。其中，Alma Ata、Norish、Yakutsk 三个站点，由于可用数据不足半个太阳活动期，如 Alma Ata 站存在 1958—1960 年和 1987—1989 年的观测数据，Norish 站存在 1987 年和 1988 年的观测数据，Yakutsk 站存在 1958—1960 年的观测数据，故仅用于验证。而 Guangzhou、Hainan 和 Yamagama 三个站点数据覆盖太阳活动的多个周期，故不仅用于建模，同时用于模型验证。太阳活动高年包括 1957 年和 2015 年，太阳活动中期包括 1987 年和 1988 年，太阳活动低年包括 1991 年和 2017 年。Alma Ata 和 Guangzhou 站观测数据对应于冬季，Hainan 和 Norish 站观测数据对应于夏季，Yamagama 和 Yakutsk 站观测数据分别对应春季和秋季。

表6-5 $F_1$ 模型验证数据特征

| 序号 | 站名 | 年度 | 太阳活动期 | 月份 | 季节 | 区域 | 是否用于建模 | 图标识 |
|---|---|---|---|---|---|---|---|---|
| 1 | Alma Ata | 1988 | 中期 | 1月 | 冬季 | 中纬 | 否 | 图6-26(a) |
| 2 | Guangzhou | 2017 | 低年 | 12月 | 冬季 | 低纬 | 是 | 图6-26(b) |
| 3 | Hainan | 1991 | 低年 | 6月 | 夏季 | 低纬 | 是 | 图6-26(c) |
| 4 | Norish | 1987 | 中期 | 8月 | 夏季 | 中纬 | 否 | 图6-26(d) |
| 5 | Yakutsk | 1957 | 高年 | 10月 | 秋季 | 低纬 | 否 | 图6-26(e) |
| 6 | Yamagama | 2015 | 高年 | 3月 | 春季 | 中纬 | 是 | 图6-26(f) |

图6-26 给出了上述 6 个站点 PRM 预测得到的 $F_1$ 的日变化曲线,并与 ITU 模型(标识为 ITU)和观测数据(标识为 OBS)进行了对比。分析可知,无论是地磁平静期还是风暴期(2015年3月),利用 ITU 模型和 PRM 得到的 $F_1$ 预测曲线都较好地反映了日变化特征的变化趋势。根据式(6-23)和式(6-24)可得到不同统计条件下,$F_1$ 实测值与 ITU 和 PRM 两类模型的预测值之间的平均 RMSE 和改进提升量。表6-6 给出了不同统计条件下,$F_1$ 实测值与 ITU 和 PRM 两类模型的预测值之间的平均 RMSE,分别对应于三个太阳活动期(高、中、低)、四个季节(春、夏、秋、冬)。同时,式(6-24)分析得到了 PRM 相对于 ITU 模型的 RMSE 改进百分比,平均值为 30.68%。由此可以明确看出:PRM 的预测结果优于 ITU 模型的预测结果。

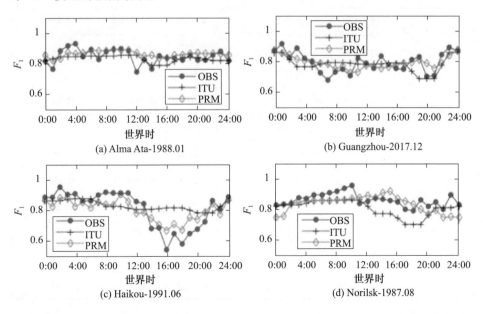

(a) Alma Ata-1988.01　　(b) Guangzhou-2017.12
(c) Haikou-1991.06　　(d) Norilsk-1987.08

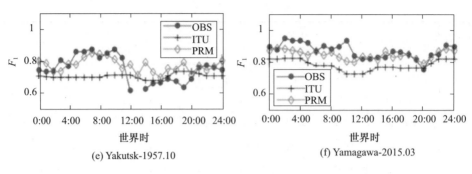

图 6-26 ITU 与新建模型 $F_1$ 预测实例及其对比

图 6-27 给出了 2013 年 6 月世界时 4 时和 2018 年 12 月世界时 16 时 $F_1$ 的预测值的空间分布。其中,世界时 4 时对应于当地时间 06:00~16:00,为白天时段;世界时 16 时对应于当地时间 18:00~04:00,为夜间时段。

表 6-6 $F_1$ 模型不同太阳活动期、季节、时段和站点的统计误差

| 统计项 | | RMSE | | RMSE 改进百分比/% |
|---|---|---|---|---|
| | | ITU | PRM | |
| 太阳活动期 | 高年 | 0.0984 | 0.0611 | 37.93 |
| | 中期 | 0.0594 | 0.0525 | 11.69 |
| | 低年 | 0.0863 | 0.0575 | 33.43 |
| 季节 | 春季 | 0.1000 | 0.0473 | 52.67 |
| | 夏季 | 0.0908 | 0.0621 | 31.67 |
| | 秋季 | 0.0968 | 0.0748 | 22.71 |
| | 冬季 | 0.0549 | 0.0479 | 12.81 |
| 站点 | Alma Ata | 0.0472 | 0.0456 | 3.27 |
| | Guangzhou | 0.0626 | 0.0501 | 19.99 |
| | Hainan | 0.1100 | 0.0648 | 41.08 |
| | Norish | 0.0717 | 0.0593 | 17.23 |
| | Yakutsk | 0.0968 | 0.0748 | 22.71 |
| | Yamagama | 0.1000 | 0.0473 | 52.67 |
| 平均 | | 0.0827 | 0.0573 | 30.68 |

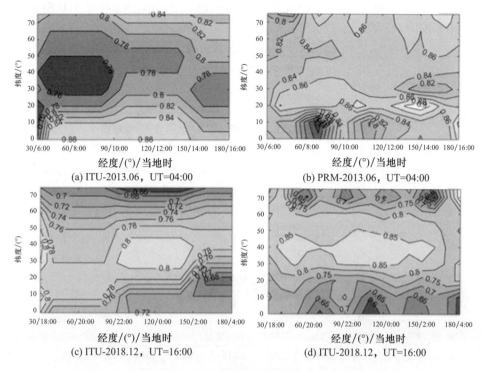

图6-27 不同太阳活动期ITU和重建模型预测$F_1$空间分布对比

由图6-27不同太阳活动期ITU和重建模型预测$F_1$空间分布对比可以看出，无论是太阳活动低年还是太阳活动高年，PRM均更加细粒度的反映了$F_1$的空间变化。而且数值上也有明显差别，结合上文的统计误差分析，可以证实新建模型的空间有效性。

#### 6.6.1.3 HPF转换因子$F_u$模型验证

在此同样选取了Alma Ata、Guangzhou、Hainan、Norish、Yakutsk、Yamagama等6个观测站点（具体信息详见表6-5）的数据用于验证。图6-28给出了上述6个站点PRM预测得到的$F_u$的日变化曲线，并与ITU模型（标识为ITU）和观测数据（标识为OBS）进行了对比。分析可知，无论是地磁平静期还是风暴期（2015年3月），利用ITU模型和PRM得到的$F_u$预测曲线都较好地反映了日变化特征的变化趋势。根据式（6-23）和式（6-24）可得到不同统计条件下，$F_u$实测值与ITU和PRM两类模型的预测值之间的平均RMSE和改进提升量。表6-7给出了不同统计条件下，$F_u$实测值与ITU和PRM2两类预测模型的预测值之间的平均RMSE，分别对应于三个太阳活动期（高年、中期、低年）、四个季节（春、夏、秋、冬）。根据式（6-24）分析得到了PRM相对于ITU模型的RMSE改进百分比,平均值为 28.92%。由此可以明确看出:PRM 的预测结果优于 ITU 模型的预测结果。

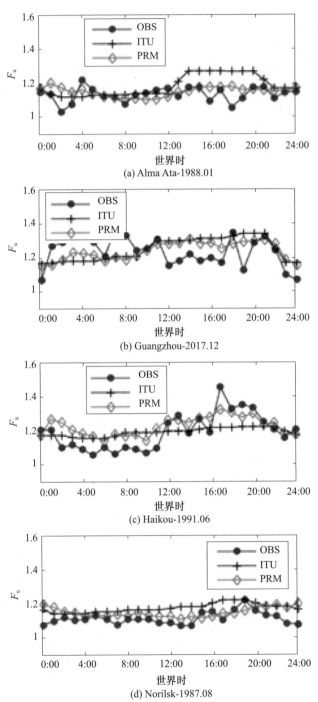

(a) Alma Ata-1988.01

(b) Guangzhou-2017.12

(c) Haikou-1991.06

(d) Norilsk-1987.08

# 第6章　区域化细粒度 HF 通信可用频率增强预测模型

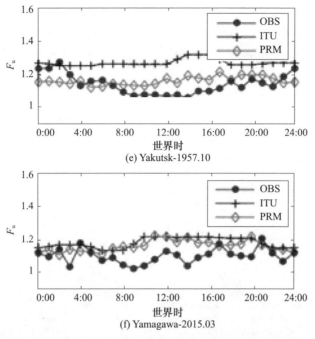

(e) Yakutsk-1957.10

(f) Yamagawa-2015.03

图 6−28　ITU 与新建模型 $F_u$ 预测实例及其对比

表 6−7　$F_u$ 模型不同太阳活动期、季节、时段和站点的统计误差

| 统计项 | | RMSE | | RMSE 改进 |
|---|---|---|---|---|
| | | ITU | PRM | 百分比/% |
| 太阳活动期 | 高年 | 0.1263 | 0.0780 | 38.26 |
| | 中期 | 0.0778 | 0.0534 | 31.31 |
| | 低年 | 0.0980 | 0.0863 | 11.98 |
| 季节 | 春季 | 0.0985 | 0.0854 | 13.31 |
| | 夏季 | 0.0792 | 0.0645 | 18.54 |
| | 秋季 | 0.1541 | 0.0706 | 54.21 |
| | 冬季 | 0.0966 | 0.0752 | 22.17 |
| 站点 | Alma Ata | 0.0879 | 0.0556 | 36.80 |
| | Guangzhou | 0.1053 | 0.0948 | 9.96 |
| | Hainan | 0.0907 | 0.0777 | 14.33 |
| | Norish | 0.0677 | 0.0513 | 24.19 |
| | Yakutsk | 0.1541 | 0.0706 | 54.21 |
| | Yamagama | 0.0985 | 0.0854 | 13.31 |
| 平均 | | 0.1027 | 0.0730 | 28.92 |

图 6-29 给出了 2013 年 6 月世界时 4 时和 2018 年 12 月世界时 16 时 $F_u$ 的预测值的空间分布。其中,图 6-29(a)、(b)分别为 ITU 模型和 PRM 在 2013 年 6 月世界时 04:00 预测结果,对应近似全白天时段 06:00~16:00,图 6-29(c)、(d)分别为 ITU 模型和 PRM 在 2017 年 12 月世界时 16:00 预测结果,近似全夜间时段 18:00~次日 04:00。

由图 6-29 可以看出,无论是太阳活动低年还是太阳活动高年,PRM 均更加细粒度的反映了 $F_u$ 的空间变化。而且数值上也有明显差别,结合上文的统计误差分析,可以证实新建模型的空间有效性。

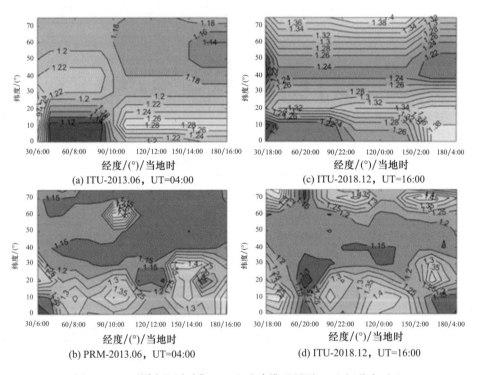

图 6-29　不同太阳活动期 ITU 和重建模型预测 $F_u$ 空间分布对比

## 6.6.2　可用频率预测模型对比

为评估新建可用频率长期预测模型的性能,在此,选取 4 条链路(图 6-30 验证链路的空间分布)进行分析。为充分验证模型的适用性,4 条链路的选取分别对应 2008~2019 年共 11 年间不同的太阳活动期的春、夏、秋、冬四季,链路的长度从 911~6390km,包括短链路 1、中短链路 2、中长链路 3、长链路 4。具体链路信息如表 6-8 所列。

表6-8 可用频率长期预测模型验证数据特征

| 链路编号 | 年度 | 月份 | 季节 | 太阳活动期 | 链路长度/km | 对比实例 |
|---|---|---|---|---|---|---|
| 1 | 2008 | 1月 | 冬季 | 低年 | 911 | 图6-31 |
| 2 | 2012 | 3月 | 春季 | 高年 | 2118 | 图6-32 |
| 3 | 2013 | 6月 | 夏季 | 高年 | 6390 | 图6-33 |
| 4 | 2019 | 10月 | 秋季 | 低年 | 1602 | 图6-34 |

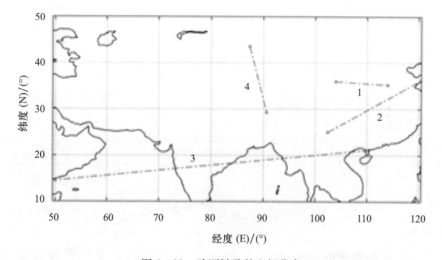

图6-30 验证链路的空间分布

图6-31~图6-34分别对应了链路1、链路2、链路3和链路4在对应时间上的MUF、OWF和HPF的预测结果。图中新建模型标识为PRM,ITU-R模型标识为ITU,观测值标识为OBS。

由图6-31可以看出:

(1) ITU模型和新建模型PRM的变化趋势与实测结果的变化趋势有较好的一致性,且能看出明显的昼夜变化;

(2) PRM的MUF预测结果与ITU模型预测结果相似,但OWF和HPF预测结果明显优于ITU模型。

源于该链路较短(小于1000km),收发两端在同一时区工作,可以确定ITU模型的预测误差较大的时段为白天期间(当地时间08:00~20:00),OWF尤为严重。这一时段最大程度体现了PRM的改进之处。为了更好地说明情况,本图选用北京时间作为基准对比坐标。

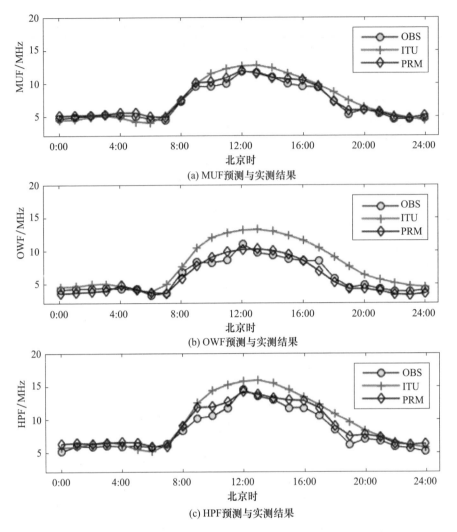

图 6-31 链路 1 两类模型的 MUF、OWF 和 HPF 预测结果及与实测值的对比

图 6-32 同样采用了北京时间作为基准对比坐标。鉴于观测设备的截止观测频率为 30MHz,故高于 30MHz 的对应数值考虑可能有误差的原因,在此不作对比分析。由图 6-32 可以看出:

(1)ITU 模型和 PRM 的变化趋势与实测结果的变化趋势同样有较好的一致性,能够看出明显的昼夜变化;

(2)PRM 预测所得的 MUF、OWF 和 HPF 的预测结果更好地与实测结果吻合,明显优于 ITU 模型;

(3)由图 6-32(b)所示 OWF 预测结果对比可知:ITU 模型同样是在北京时

间 12:00 时前后的预测误差较大,午夜 00:00 时(北京时间 20:00~04:00)前后出现了另一个误差尖峰期,均与 PRM 有一定差异。

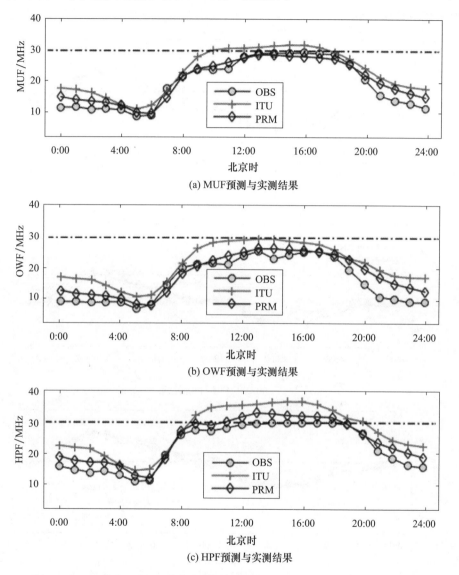

图 6-32　链路 2 两类模型的 MUF、OWF 和 HPF 预测结果及与实测值的对比

由图 6-33 可知,由于链路 3 传播距离超过了 6000km,预测所得可用频率,特别是 MUF 和 HPF 在全天 24h 相当长的一段时间内超过了 30MHz,鉴于观测设备的截止观测频率为 30MHz,高于 30MHz 的对应时段不可避免有误差的原因,故在此不作对比分析。重点考虑 30MHz 以下的记录结果,即便如此,仍可以

看出 PRM 的 MUF 和 OWF 的预测结果更好地与实测结果吻合,优于 ITU 模型;但 HPF 两种模型的预测结果相当,后面将通过具体误差统计对两类模型的性能作量化的对比分析。

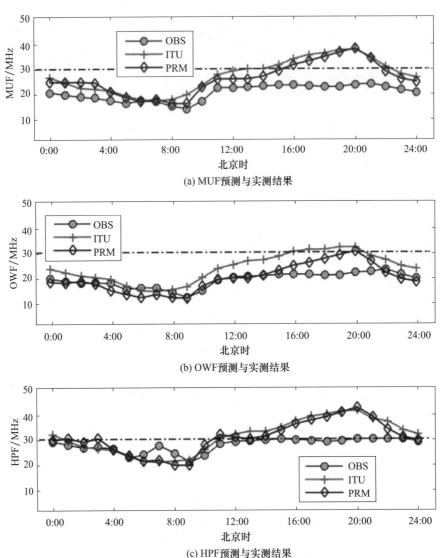

图 6-33 链路 3 两类模型的 MUF、OWF 和 HPF 预测结果及与实测值的对比

由图 6-34 可以看出:

(1) ITU 模型和 PRM 的变化趋势与实测结果的变化趋势有较好的一致性,且能看出明显的昼夜变化;

（2）PRM 的 MUF 预测结果与 ITU 模型预测结果相似，但 OWF 和 HPF 预测结果明显优于 ITU 模型；

（3）ITU 模型的 OWF 预测结果夜间优于白天，而 MUF 和 HPF 预测结果在日出过渡期（北京时间 08：00 时前后）和日落过渡期（北京时间 20：00 时前后）则较差；

（4）PRM 对 OWF 的预测结果最优。上述定性分析结果已体现出 PRM 预测效果的改进之处。

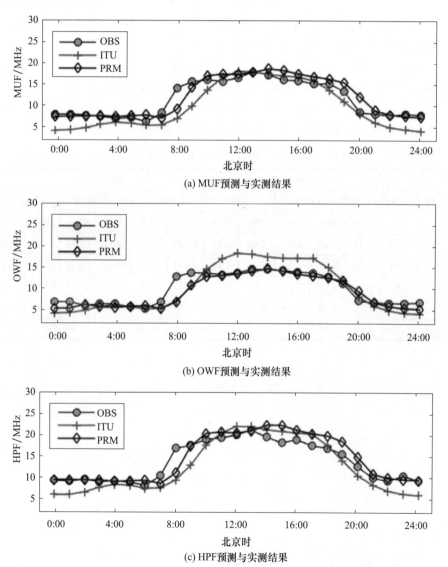

图 6-34 链路 4 两类模型的 MUF、OWF 和 HPF 预测结果及与实测值的对比

为了更好地定量评估所建模型的预测性能，在此利用常用的分析方法评估全天24h均方根误差(RMSE，表示为$\sigma$)和相对均方误差(RRMSE，表示为$\delta$)，具体表达式为

$$\sigma = \sqrt{\frac{1}{H}\sum_{h=1}^{H}(F_p^h - F_o^h)^2} \qquad (6-25)$$

$$\delta = \sqrt{\frac{1}{H}\sum_{h=1}^{H}\left(\frac{F_p^h - F_o^h}{F_o^h}\right)^2} \qquad (6-26)$$

式中：$F_p$为MUF、OWF和HPF的预测值；$F_o$为MUF、OWF和HPF的观测值；$N$为MUF、OWF和HPF日小时统计数，此处为24。

如表6-9所列，新建模型较ITU模型在性能上有较大提升，预测RMSE平均降低了1.18MHz、1.64MHz和1.06MHz，对应的RRMSE平均下降了10.89%、15.47%和9.10%。相对而言，OWF预测能力提升度最大，HPF预测能力提升度最小。因HPF的采集数据有限，对比的充分性还有待于进一步扩展。

表6-9  不同模型可用频率长期预测结果误差对比

| 链路 | RMSE/MHz | | | | | | RRMSE/% | | | | | |
| --- | --- | --- | --- | --- | --- | --- | --- | --- | --- | --- | --- | --- |
| | MUF | | OWF | | HPF | | MUF | | OWF | | HPF | |
| | ITU | PRM | ITU | PRM | ITU | PRM | ITU | PRM | ITU | PRM | ITU | PRM |
| 1 | 1.03 | 0.43 | 2.25 | 0.67 | 1.83 | 0.86 | 14.40 | 6.64 | 32.90 | 10.73 | 20.77 | 11.95 |
| 2 | 4.20 | 2.10 | 5.70 | 2.86 | 5.39 | 2.49 | 33.53 | 15.51 | 50.42 | 25.36 | 35.93 | 16.02 |
| 3 | 5.03 | 4.12 | 4.18 | 3.04 | 2.66 | 3.03 | 25.62 | 20.61 | 22.31 | 15.51 | 10.18 | 12.04 |
| 4 | 2.78 | 1.66 | 2.59 | 1.60 | 2.76 | 2.04 | 27.05 | 14.26 | 23.29 | 15.43 | 22.55 | 13.01 |
| 均值 | 3.26 | 2.08 | 3.68 | 2.04 | 3.16 | 2.10 | 25.15 | 14.26 | 32.23 | 16.76 | 22.36 | 13.26 |

# 第 7 章

# 基于混沌动力学的电离层参数 foF2 短期预报模型

众所周知,长期预测模型给出了电离层特征参数的月统计值,而短期预报可以给出一小时、数小时、一天或数天的电离层特征参数结果。作为前两章所述 HF 通信频率长期预测模型的补充,本章面向 HF 通信频率短期优化的需求,阐述了 HF 通信频率短期预报基础——基于混沌动力学的电离层 foF2 短期预报模型,旨在为第 8 章实现 HF 通信可用频率短期预报提供技术基础。首先,针对 HF 通信实时动态选频需求,分析电离层特征参数短期预报的必要性。接着,概述基于 Volterra 滤波器的自适应预测方法及其原理,为 foF2 短期预报方法的研究提供理论依据和技术基础。然后,结合观测数据预处理、延迟时间和嵌入维数的确定、相空间重构等过程,详细阐述基于混沌动力预测理论的 foF2 短期预报流程。最后结合不同风暴期、不同季节和不同太阳活动期对提出模型进行了验证,并通过与国际参考电离层 IRI 模型进行对比,以证实方法的可用性和可靠性。

## 7.1 电离层参数短期预报需求

电离层模型可分为两类:一是长期预测模型,二是短期预报模型。其中,长期预测模型可以获取宁静期全球区域应用的临界频率、高度等电离层特征参数的月中值,与实测统计数据有着较好的一致性。当前,还没有物理理论可以用来完整地模拟和预测电离层参数所有的短期变化,特别是 F2 层的电离层特征参数很难用简单的公式充分地表示每日和每小时的短期变化。这主要是因为电离层的物理过程在平静期和扰动期都非常复杂,电离层的非线性特性主要受到以下因素的显著影响:

(1)太阳辐射进入高层大气的可变性;
(2)地磁场对等离子体的影响效应;

（3）太阳和月球产生的重力大气潮汐；

（4）由于白天太阳的加热而引起的大气垂直膨胀。

因此，非常有必要开发一种预报电离层特征昼夜变化和小时变化的方法。此外，对于空间气象服务的用户来说，预报电离层特征参数的能力是非常有意义的，源于这种短期预报可能带来更大的社会效益和经济价值——电离层特征参数的短期预报可以为通信、雷达、导航以及其他应用领域提供动态实质性的支持。特别是对于 HF 通信系统，这也是 HF 通信频率短期预报的基础和关键技术之一。

一直以来，电离层空间天气模型研究的发展趋势主要包括四个方向：

（1）从基本描述向预测预报方向发展；

（2）从长期预测发展转为与短期预报相结合；

（3）从定性描述向定量描述发展；

（4）从粗粒度定量向高精度定量方向发展。

为更好地解释和描述电离层短期预报框架的磁层－电离层－大气系统的状态，国内外学者对此做出了巨大的努力，并开发了对应的模型。基于非线性动力学的短期预报方法包括自相关函数法、Kalman 滤波同化模型、人工神经网络、多层感知器型神经网络、神经网络和遗传算法组合的方法以及极限学习机等等。上述研究的目的是期望通过开发新的模型或优化现有的模型来获得更加精确的参数。电离层参数的非线性特征使得混沌（Chaos）理论可作为该问题的一种解决方案。这是因为混沌理论是一种兼具质性思考与量化分析的智能计算方法，作为一个强大的工具，它可以用来表征几何和动力学性质，并揭示一个非线性系统的潜在动力学。基于这一考虑，有学者将混沌理论应用于太阳风－磁层－电离层系统的非线性动力学和电离层总电子含量的研究上。研究结果表明，太阳风－磁层－电离层系统和电离层特征参数是一个强耦合的非线性动力系统，可以由规则行为驱动到混沌行为。

为了实现 foF2 短期预报、进一步提高 foF2 定量评估能力，基于其非线性动力学和混沌特性，本章提出了一种 foF2 自适应短期预报模型。最终目的是为了实现 foF2 短期变化特性的预报，此过程不考虑太阳和地磁活动的影响，仅基于 foF2 的前期观测数据实现预报。7.2 节首先介绍本章所选用的方法——基于 Volterra 滤波器的自适应预测方法。

## 7.2 基于 Volterra 滤波器的自适应预测方法

对比其他混沌时间序列的预测方法，近年发展起来的混沌时间序列自适应预测方法能够根据训练数据和预测误差不断修正用于预测的模型参数，其中

Volterra自适应滤波方法是重建系统方程的典型方法。Volterra滤波器属于参数辨识模型的范畴,由于其综合了线性和非线性项,故对混沌时间序列具有较好的预测能力。基于Volterra滤波器的自适应预测方法能够自适应地跟踪当前混沌精细轨迹,并利用预测误差来更新滤波器系数,有效地预测某一混沌时间序列。而且,该方法仅需要一个很小的训练数据集就可以提供令人满意的描述结果和较高的预测精度。同时该方法结构简单,易于软硬件实现。因此,基于Volterra滤波器的自适应预测方法在非线性噪声过程主动控制、物种竞争规律研究、河流流量预测领域得到了广泛的应用。

根据Volterra滤波器的定义,输出$y(n)$和输入$x(n)$的映射关系$\mathcal{F}$可表示为

$$y(n) = \hat{x}(n+1) = \mathcal{F}[x(n)] = \sum_{p=1}^{\infty} \tilde{y}_p(n) \quad (7-1)$$

式中:$\tilde{y}_p(n)$为基于核对称的通用假设,可通过移除冗余核来实现,具体定义可表示为

$$\tilde{y}_p(n) = \sum_{m_1=0}^{\infty} \sum_{m_2=m_1}^{\infty} \cdots \sum_{m_p=m_{p-1}}^{\infty} h_p(m_1, m_2, \cdots, m_p) \times \prod_{k=1}^{p} x(n-m_k) \quad (7-2)$$

式中:$h_p(m_1, m_2, \cdots, m_p)$为$p$阶Volterra核;$m$为滤波器的输入维数。

由此可以看出,随着Volterra滤波器阶数的增加,对应的所需的计算量将成幂指数趋势快速增加,工程上实现将越来越难。对于低维混沌时间序列,平衡工程难度和预测精度,通常使用的Volterra滤波器阶次定义为二阶以下。对于电离层特征参数和太阳黑子活动参数,已被证明为低维混沌系统;根据电离层特征参数的这一特性,在此选择二阶Volterra滤波器。综上,式(7-1)的输入输出关系可表述为

$$\hat{x}(n+1) = h_0 + \sum_{m_1=0}^{M-1} h_1(m_1) x(n-m_1) \\ + \sum_{m_1=0}^{M-1} \sum_{m_2=m_1}^{M-1} h_2(m_1, m_2) x(n-m_1) x(n-m_2) \quad (7-3)$$

式中:$M$为非线性系统的存储容量;$h_1(m_1)$为线性滤波系数;$h_2(m_1, m_2)$为二次滤波系数。

由于自适应Volterra滤波器可以通过将非线性问题嵌入到一个线性多变量问题中,进而使用线性方法来实现;这其中Volterra滤波器的系数可以通过自适应线性滤波算法来更新。由此,式(7-3)可转换为

$$\hat{x}(n+1) = \boldsymbol{H}'(n) \boldsymbol{X}(n) \quad (7-4)$$

式中:上标"′"表示自适应系数向量的转置算子。

进一步,自适应线性FIR滤波器的输入向量$\boldsymbol{X}(n)$和对应自适应向量系数$\boldsymbol{H}(n)$可表示为

$$X(n) = [1, x(n), x(n-1), \cdots, \\
x(n-m+1), x^2(n), x(n)x(n-1), \cdots, \\
x^2(n-m+1)]' \quad (7-5)$$

$$H(n) = [h_0, h_1(0), h_1(1), \cdots, \\
h_1(m-1), h_2(0,0), h_2(0,1), \cdots, \\
h_2(m-1, m-1)]' \quad (7-6)$$

式中:$m$ 为 $X(n)$ 和 $H(n)$ 的嵌入维。

对于式(7-6)中描述的自适应二阶 Volterra 滤波器(Adaptive Second-order Volterra Filter, ASOVF),其中的系数可由时间正交自适应算法确定。进而,上述 ASOVF 自适应预测算法可以表示为

$$x(n) = H'(n-1)X(n-1) \quad (7-7)$$

$$H(n) = H(n-1) + c \times \frac{e(n-1)}{X'(n)X(n)} X(n-1) \quad (7-8)$$

$$e(n) = x(n) - \hat{x}(n) \quad (7-9)$$

式中:$c$ 为控制收敛性能的参数。

综上,ASOVF 结构如图 7-1 所示。

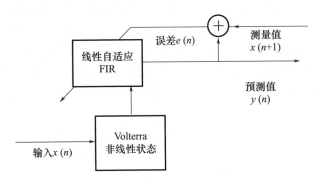

图 7-1　自适应二阶 Volterra 滤波器结构

## 7.3　电离层 foF2 短期预报流程

依据选定的 ASOVF 方法,本节首先对 foF2 观测数据进行了滤波预处理,找出了 foF2 序列的非线性内部动力特性;接着利用混沌序列相空间重构方法确定了 foF2 序列混沌吸引子;然后,利用 Lyapunov 指数对 foF2 的混沌特性进行了量化评价,明确了 foF2 序列存在着混沌现象;最后,基于 ASOVF 方法提出了 foF2 的自适应预报流程。

## 7.3.1 foF2 观测数据预处理

作为给定的时间序列,电离层特征参数 foF2 可以表示为给定时间间隔($t$)的标量测量序列,可表示为 $x(t) = \{\text{foF2}(t), t = 1, 2, 3, \cdots\}$。这个时间序列描述了整个系统的物理特性。

图 7-2 显示了 2015 年 3 月 1 日~31 日 Okinawa 站(26.30°N,127.80°E)观测所得的 foF2(蓝线)的典型时间序列。可以看出,foF2 的内部动力主要是日变化动力特性。对 foF2 的原始观测数据进行处理,可以看到其内部动力学。首先,根据测量周期选择 1h 的采样间隔。然后选择截止频率为 $0.08\pi$ 的数字低通滤波器对原始观测得到 foF2 时间序列的内部噪声进行滤波,以获得 Fourier 表示的原始低频分量,同时最小化频域失真。使用这种方法是因为低维混沌信号的功率谱类似于噪声信号的功率谱,抑制某些频率可以改变滤波输出信号的动力学,这为 foF2 的短期预报提供更可靠的基础。

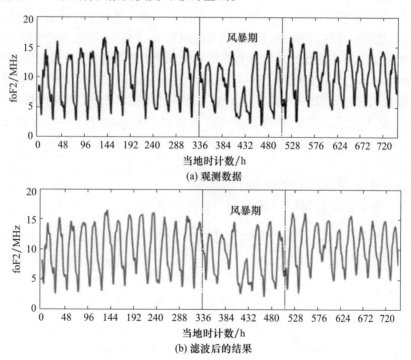

图 7-2 Okinawa 站 2015 年 3 月 foF2 观测时间序列及滤波结果(见彩图)

Okinawa 站 2015 年 3 月 foF2 观测时间序列及滤波结果如图 7-2 所示,滤波产生一个看起来更清晰的时间序列,并可减小日变化影响带来的 foF2 的波动。无论是在地磁宁静日还是地磁风暴期间,低通滤波器均有效地降低了 foF2 内在噪声,而不偏好某些频率和丢弃其他频率,并保持了 foF2 的主要日变化特征。以前对太阳黑子活动和其他电离层参数的研究证实了同样的结果。值得说明的是这并不一定意味着原始观测数据集中的所有噪声都已消除。

2015 年 3 月期间的地磁宁静日具有较低的 Dst 值,而地磁风暴期(2015 年 3 月 14 日~20 日)具有较高的 Dst 值,特别是 2015 年 3 月 17 日 Dst 指数最大值达到 -223nT。同一过程可用于 foF2 不同的观测周期和不同的采样间隔(如 30min、15min 等),抑或用于其他同类电离层特征参数(如电离层高度、电离层电子浓度等)。

## 7.3.2 相空间重构与混沌吸引子

相空间重构是混沌时间序列预测的基础,重构的目的是为了找出给定时间序列的蕴藏信息,以便于恢复吸引子的特性。Packard 和 Takens 应用延迟坐标法实现了混沌时间序列的相空间重构。相空间重构的关键是选择合适的延迟时间和嵌入维数。延迟时间的计算方法有自相关法、平均位移法、复自相关法和多重自相关法。嵌入维数的常用计算方法有饱和相关维数法、伪最近邻法、实向量场法和 Cao 方法等。1999 年,Kim 等人提出了 C-C 方法,该方法可以同时估计嵌入维数和延迟时间。C-C 方法提高了重构相空间的质量,具有操作简单、计算量小、对小数据集可靠、抗噪声能力强等优点。因此,选择 C-C 方法来计算给定 foF2 序列的延迟时间和嵌入维数。具体来说,C-C 方法通过如下过程实现。

第一步,计算 foF2 序列的给定标准差。

第二步,计算延迟时间和延迟窗口特征识别参数:

$$\overline{S}(t) = \frac{1}{16}\sum_{m=2}^{5}\sum_{j=1}^{4}S(m,r_j,t) \qquad (7-10)$$

$$\Delta \overline{S}(t) = \frac{1}{4}\sum_{m=2}^{5}\Delta S(m,t) \qquad (7-11)$$

$$S_{\text{cor}}(t) = \Delta \overline{S}(t) + \overline{S}(t) \qquad (7-12)$$

其中

$$\Delta S(m,t) = \max\{S(m,r_j,t)\} - \min\{S(m,r_j,t)\}$$

$$S(m,r_j,t) = \frac{1}{t}\sum_{s=1}^{t}C_s(m,r_j,t) - C_s^m(m,r_j,t)$$

$$C(m,r,t) = \lim_{N\to\infty}C(m,N,r,t)$$

式中:时间变量 $t$ 取小于等于 200 的自然数;嵌入维数 $m$ 取 2、3、4、5,$C(m,N,r,t)$

为嵌入时间序列的关联积分，具体可表示为

$$C(m,N,r,t) = \frac{2}{M(M-2)} \sum_{1 \leq i < j \leq M} \Theta(r - \|\boldsymbol{x}_i - \boldsymbol{x}_j\|), r > 0 \quad (7-13)$$

第三步，利用 $\bar{S}(t)$ 第一个零点和 $\Delta \bar{S}(t)$ 第一个极小值确定延迟时间 $\tau$，利用 $S_{\text{cor}}(t)$ 最小值确定最小时间窗口 $\tau_w$，并导出 $m = \tau_w/\tau$。

针对 2008 年和 2015 年两个不同太阳活动期，春、夏、秋、冬四个不同季节观测序列的重复分析发现：对于 foF2 日变化序列选取延迟时间 $\tau = 8$ 和嵌入维数 $m = 3$ 是最佳的选择。根据 foF2 观测数据的采样间隔，延迟时间 $\tau = 8$ 表示延迟时间为 8h。后面的研究分析是基于上述参数（延迟时间 $\tau = 8$ 和嵌入维数 $m = 3$）展开的。

基于选取的时间延迟 $\tau$ 和嵌入维数 $m$ 即可进行相空间重构，由此，可得 foF2 的重构向量为

$$\begin{aligned}\boldsymbol{X}(t) &= \{\text{foF2}(t), \text{foF2}(t+\tau), \cdots, \text{foF2}[t+(m-1)\tau]\}' \\ &= \begin{bmatrix} \text{foF2}(t) \\ \text{foF2}(t+\tau) \\ \vdots \\ \text{foF2}(t+(m-2)\tau) \\ \text{foF2}(t+(m-1)\tau) \end{bmatrix}\end{aligned} \quad (7-14)$$

式中：$\tau$ 为时间延迟；$m$ 为嵌入维数。

图 7-3 给出了根据 Okinawa 站 2015 年 3 月期间 foF2 时间序列构建的对应三维空间混沌吸引子。如图 7-3 所示，在地磁风暴期间（3 月 14 日~20 日）和前后（3 月 14 日前和 20 日后）foF2 的时间变化都呈现出了明显的混沌状态。这就是在前文中提及的 foF2 的内部动力学。

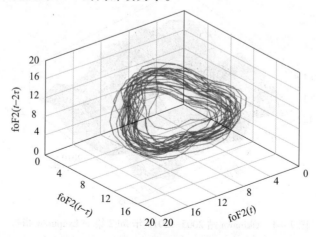

图 7-3　2015 年 3 月 foF2 三维相空间混沌吸引子（$\tau=8, m=3$）

### 7.3.3 foF2 混沌特性的量化评价

混沌现象的基本特点是运动对初值条件极为敏感,两个很靠近的初值所产生的轨道,随时间推移按指数方式分离;Lyapunov 指数正是定量描述这一现象的客观量。作为一个重要的混沌现象描述量,Lyapunov 指数是对状态空间中一个不动点的吸引或排斥率的度量。正 Lyapunov 指数的存在是确定性耗散系统混沌行为最显著的证据之一;正 Lyapunov 指数表示耗散确定性系统中存在混沌现象,其中正 Lyapunov 指数表示轨迹在一个方向上的发散或值的扩展,负 Lyapunov 指数表示轨迹的收敛或体积沿另一个方向的收缩。

第一 Lyapunov 指数($\lambda_1$)多用于估计平均发散率,具体计算方法如下:

$$\begin{aligned}\lambda_1 &= \lim_{t \to \infty} \frac{1}{t} \ln[\Delta x(t)/\Delta x(0)] \\ &= \lim_{t \to \infty} \frac{1}{t} \sum_{i=1}^{t} \ln[\Delta x(t_i)/\Delta x(t_{i-1})]\end{aligned} \quad (7-15)$$

图 7-4 给出了 Okinawa 站 2005—2015 年期间计算的 foF2 第一 Lyapunov 指数,该时段覆盖了太阳活动低年、太阳活动中期、太阳活动高年三个太阳活动期。即,所得的 foF2 第一 Lyapunov 指数对应于不同年份的平静期和扰动期。例如:2008 年的太阳活动非常低,大部分时间地磁场活动都很平静,而在 2015 年 3 月 17 日白天电离层出现一个初始正相位,随后的白天和夜间电离层出现一个持续的扩展负相位,这些变化清楚地表明了严重地磁暴条件下的典型 F 区响应。

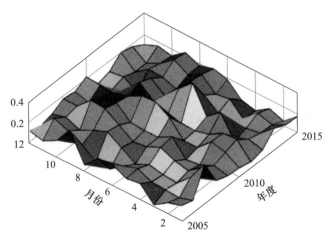

图 7-4　Okinawa 站 2005—2015 年 foF2 第一 Lyapunov 指数

# 第 7 章　基于混沌动力学的电离层参数 foF2 短期预报模型

Okinawa 站 2005—2015 年 foF2 第一 Lyapunov 指数如图 7-4 所示，所选年份 foF2 序列所计算出的第一 Lyapunov 指数的值域为 [0.02, 0.33]。第一 Lyapunov 指数的正值表示混沌现象的存在，2005—2015 年期间计算的第一 Lyapunov 指数的正值证明了 foF2 序列存在混沌现象，这与之前的研究结果是一致的。

### 7.3.4　foF2 自适应短期预报

基于式 (7-15) 构建的向量 $X(t)$，利用 (7-1) 的映射关系 $\mathcal{F}$ 即可进行预测，即有

$$\text{foF2}(t+1) = \mathcal{F}[X(t)] \tag{7-16}$$

如图 7-5 所示，电离层特征参数 foF2 的短期预报流程可主要概括为以下过程。

第一步，利用低通滤波器对输入 foF2 的时间序列进行滤波预处理，为确定 foF2 序列的延迟时间和嵌入维数提供基础；

第二步，利用 C-C 法确定 foF2 滤波后序列的延迟时间和嵌入维数；

第三步，根据确定的延迟时间和嵌入维数进行 foF2 序列相空间重构；

第四步，利用 ASOVF 预报 foF2。

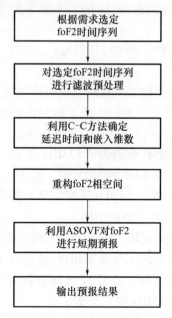

图 7-5　电离层特征参数 foF2 的 ASOVF 预报流程

## 7.4 电离层 foF2 短期预报方法验证

为了验证所提出的预报方法的准确性,在此对比分析电离层参数的预报值与实测值。具体分析方法见式(5-1)和式(5-2),即计算均方根误差 RMSE 及其相对均方根误差 RRMSE。

### 7.4.1 最佳训练周期确定

考虑到太阳自转需要 27 天,因此,拟定使用过去 27 天的测量值进行预报。为了确定该假设为最佳或是找到最合理的训练天数,分别用 9 天、27 天和 54 天的实测值预报未来 1h 的 foF2。如此选择是因为 9 天是太阳自转周期的三分之一,少于一个太阳自转周期,而 54 天是两个太阳自转周期,多于一个太阳自转周期。图 7-6(a)给出了 2008—2015 年 Okinawa 站提前 1h 预报结果的 RMSE,图中三条曲线分别对应于 9、27 和 54 个训练日。图 7-6(b)给出了对应 9 天、27 天和 54 天的训练数据集预报 RRMSE 间的偏差。

由图 7-6 可以看出:

(1)用 9 天、27 天和 54 天观测值训练得到的 foF2 预报结果的 RMSE 日变化规律相似。

(2)日出(当地时 04:00~08:00)和日落(当地时 16:00~20:00)过渡期的 RMSE 高于其他时段。

(3)利用 54 天实测数据训练得到的预报效果明显好于利用 27 天实测数据训练得到的预报效果,两者在全天的大部分时间内都优于利用 9 天实测数据训练得到的预报结果。统计分析可得:分析利用 9 天、27 天和 54 天实测数据训练得到的预测结果的平均 RMSE 分别为 1.13MHz、0.91 MHz 和 0.81MHz,分别对应于 22.02%、19.18% 和 17.83% 的 RRMSE。其中,有部分时段(如当地时间 07:00、11:00、21:00 和 22:00),利用 9 天的实测数据训练得到的预报效果优于用 27 天的实测数据训练得到的预报结果。

(4)如图 7-6(b)所示,使用 27 天和 54 天测量数据训练得到的预报结果与使用 9 天测量数据训练得到的预报结果相比,性能有了很大提高,但使用 54 天测量数据训练得到的预报结果与使用 27 天测量数据的训练得到的预报结果相比,性能提升有限(小于 0.1MHz 和 1.35%)。

综上所述,推荐使用 27 天的测量数据进行训练并预报。直接原因在于使用 54 天测量数据进行预报的复杂度是使用 27 天测量数据进行预报的 4 倍多。这与太阳活动自转周期也有明显的一致性。当然，在没有计算效率要求的情况下，建议在测量数据较多的情况下使用更多的训练数据集进行预报。

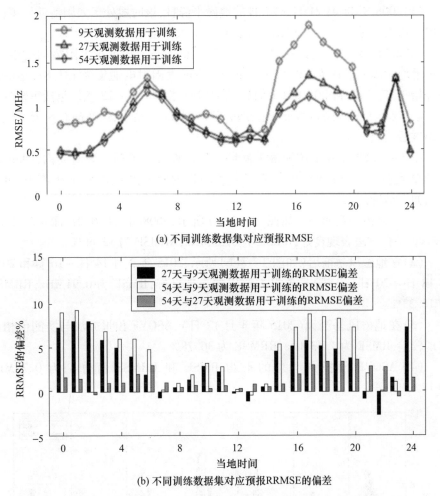

图 7-6　Okinawa 站不同长度训练数据集的预测结果对比

## 7.4.2　不同风暴期的对比

由于预报是为了正确描述下列因素所引起的时间叠加变化效应：

(1) 与已知太阳活动变化不直接相关的日变化；

(2) 太阳通量快速变化引起的变化；

(3) 中性高空大气中的大气重力波(Atmospheric Gravit Wave, AGW)引起的行波电离层扰动(Traveling Ionospheric Disturbance Signatures, TIDS)；

(4)电离层 F 区,特别是 F2 层,对地磁和太阳风暴活动期间及前后的响应。

因此,电离层特征参数观测数据的选择考虑了两个时段:

(1)2008 年 11 月 21 日~27 日的地磁平静日,该时段处于太阳活动低年,该月份平均太阳黑子数为 2.30,对应的 10.7cm 太阳射电通量为 68.17。

(2)2015 年 3 月 14 日~20 日的地磁风暴期,该时段处于太阳活动高年,该月份平均太阳黑子数为 82.10,对应的 10.7cm 太阳射电通量为 131.87;地磁风暴开始于 17 日世界时 05:00UT 前后,最大 Dst 指数达到 -223NT,包括短暂的初始阶段、两个主要阶段和两个恢复阶段,于 3 月 25 日结束,风暴前有 8 天的低中度地磁活动。

图 7-7 给出了在上述地磁平静期和风暴期及其前后一段时间内,Okinawa 站 foF2 观测值与 ASOVF 提前 1h 预报值对比的两个典型实例,分析该图,可以得出如下结论:

(1)在地磁平静期内(如图 7-7(a)所示,2008 年 11 月 21 日~27 日),ASOVF 预报方法表现良好,RMSE 为 0.53MHz,RRMSE 为 12.60%。

(2)在地磁风暴前后(如图 7-7(b)所示,2015 年 3 月 14 日~16 日和 2015 年 18 日~20 日),ASOVF 预报方法仍然表现良好,RMSE 为 0.91MHz,RRMSE 为 18.33%。

(3)在地磁风暴当天(2015 年 3 月 17 日),ASOVF 预报方法与实测值相比表现较差,RMSE 为 1.43MHz,RRMSE 为 36.78%。

(4)ASOVF 预报方法总的平均 RMSE 和 RRMSE 值分别为 0.72MHz 和 17.17%。

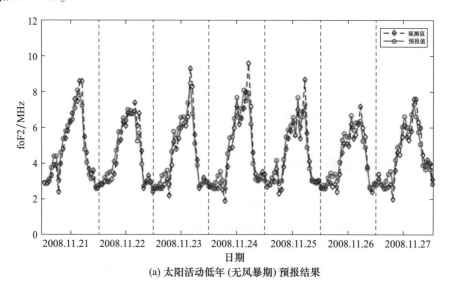

(a) 太阳活动低年(无风暴期)预报结果

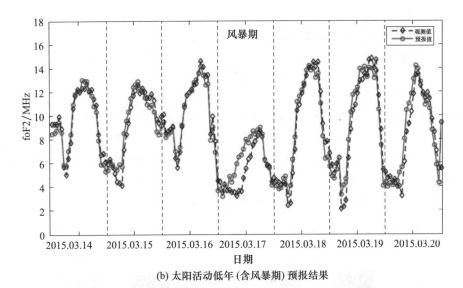

(b) 太阳活动低年(含风暴期)预报结果

图 7-7 Okinawa 站 foF2 观测值与提前 1h 预报值对比实例

## 7.4.3 不同季节特性的对比

为了深入研究不同季节的预报性能,图 7-8 不同季节的预报结果对比给出了 2008—2015 年 Okinawa 站观测值与 1h 预报值的四季 RMSE 和 RRMSE。从图 7-8 中很容易看出夏季的 RMSE 和 RRMSE 为最小,比其他季节都要低。其中,春季、夏季、秋季和冬季的 RMSE 分别为 1.0MHz、0.58MHz、0.92MHz 和 0.85MHz,对应 RRMSE 分别为 14.61%、9.56%、19.68% 和 25.78%。

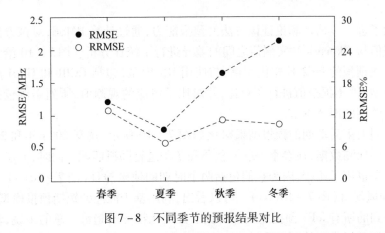

图 7-8 不同季节的预报结果对比

## 7.4.4 不同太阳活动期的对比

此外,为了深入研究不同太阳活动期的短期预报性能,图7-9给出了Okinawa站太阳活动低年(2008年)和太阳活动高年(2015年)期间观测值与ASOVF提前1h短期预报值之间的RMSE和RRMSE。如图7-9所示,太阳活动低年预报结果优于太阳活动高年的预报结果。特别是低太阳活动年和高太阳活动年的RMSE分别为0.85MHz和0.87MHz,对应的RRMSE分别为15.70%和19.01%。太阳活动低年和太阳活动高年的整体误差百分比差异为3.40%。综合RMSE和RRMSE分别为0.86MHz和17.36%。

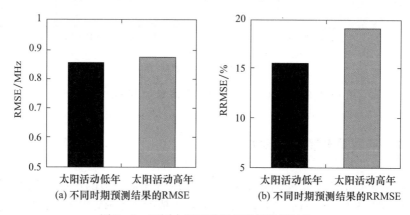

图7-9 不同太阳活动期的预报结果对比

## 7.4.5 与IRI分析结果的对比

为了进一步估计和论证该方法的预报能力,通过计算RMSE,对该方法得到的预报值与Okinawa站实测值之间的差异进行了统计分析。图7-10给出了使用该方法预报的foF2日变化实例,与使用IRI模型(包括CCIR和URSI两组系数的模型)得出预报值进行了对比,并对比了对应的观测值,所列实例包括两个太阳活动期的四个季节。

不同太阳活动期的预报结果对比如图7-10所示,选择2008年和2015年的电离层探测数据,在春季、夏季、秋季和冬季进行随机匹配。同时,上述电离层探测数据也用于比较,因为它们包括两个时期的地磁静日(图7-10(a)、(c)和(d))和风暴日(图7-10(b))。可以看出,利用基于混沌的短期预报模型和IRI模型得到的所有foF2预报曲线都反映了日变化特征的趋势。总的来说,基于混沌的短期预报模型的预报曲线(十字线)比IRI两类模型(IRI-CCIR三角线和

IRI – USRI 菱形线)的预测曲线更接近观测值(点线)。特别是,这些优势在地磁风暴期间更为明显(图 7 – 10(b))。这是因为 IRI 模型主要描述 foF2 和其他电离层参数的长期变化。

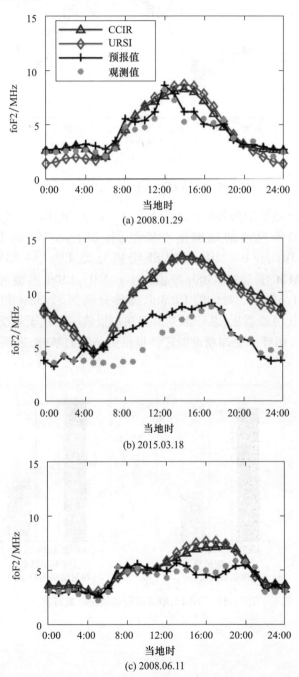

(a) 2008.01.29

(b) 2015.03.18

(c) 2008.06.11

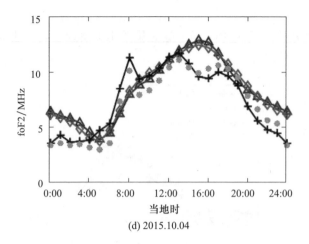

(d) 2015.10.04

图 7-10 不同太阳活动期的预报结果对比

不同太阳活动期的预报结果对比如图 7-11 所示，IRI-CCIR 模型、IRI-URSI 模型与基于混沌的短期预报模型（标识为 AFM）的 RMSE 分别为 2.58 MHz、2.51 MHz 和 0.92 MHz，RRMSE 分别为 23.17%、54.55% 和 53.14%。CCIR 模型与 AFM 模型的 RMSE 差值为 1.66 MHz，URSI 模型与 AFM 模型的 RMSE 差值为 1.59 MHz，对应的 RRMSE 差异分别为 31.38% 和 29.97%。通过上述误差对比可以看出，基于混沌的短期预报值明显优于长期预测结果，这可为 HF 通信可用频率更加精准的选择提供更坚实的基础，进而提升 HF 通信效能。

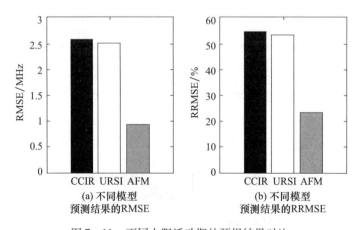

(a) 不同模型预测结果的RMSE  (b) 不同模型预测结果的RRMSE

图 7-11 不同太阳活动期的预报结果对比

# 第 8 章

# 混沌赋能 HF 通信最高可用频率短期预报模型

本章面向 HF 通信频率短期优化的需求,在第 7 章研究成果的基础上,阐述基于混沌动力预测和改进曲面样条插值方法的 HF 通信 MUF 的短期预报模型,旨在为 HF 通信频率的实时动态优化和管理提供支撑。对比长期预测模型,该模型可以给出 HF 通信 MUF 的小时级预报结果。本章首先利用 Volterra 自适应滤波方法建立了 MUF 转换因子 M(3000)F2 短期预报模型;然后利用改进的电离层距离,结合曲面样条插值理论,提出了 foF2 和 M(3000)F2 空间插值方法;随后结合上述两点成果,导出了 MUF 的小时级短期预报模型;最后对提出 MUF 短期预报模型进行了验证分析。

## 8.1 MUF 短期预报思路

根据第 2 章的分析可知:电离层 F2 层是 HF 通信的重要媒介之一,而且 F2 层的变化及无线电传播机理及效应更加复杂;考虑 M(3000)F2 与 foF2 同样是 F2 层 MUF 分析的依据和基础,即

$$F2(d)\text{MUF} = \mathcal{F}(\text{foF2}, M(3000)F2) \quad (8-1)$$

所以,为了最终提高 MUF 的预测精度,首先引入混沌预测理论,结合混沌空间重构和 Volterra 级数自适应滤波方法提出了 M(3000)F2 混沌短期预报模型,具体过程将在 8.2 节进行详细阐述。在此基础上,结合地磁坐标、曲面样条插值方法和改进 Kriging 理论,提出 foF2 与 M(3000)F2 参数的区域空间特性重构方法,其数值映射函数可简单表示为

$$X(\lambda, \varphi) = \sum_{n=1}^{N} w_n(\lambda, \varphi) \cdot \hat{X}(\lambda_n, \varphi_n) \quad (8-2)$$

式中:$X$ 为任意位置$(\lambda, \varphi)$处的 foF2 或 M(3000)F2 短期预报值;$\hat{X}$ 为已知站点$(\lambda_0, \varphi_0)$的 foF2 或 M(3000)F2 短期预报值;$N$ 为可用的最大观测站点数;$W =$

$[w_1, w_2, \cdots, w_N]$ 为空间插值权重,具体计算方法详见 8.3 节。

MUF 短期预报思路如图 8-1 所示,结合上述两点即可实现任意链路的 HF 通信最高可用频率 MUF 的短期预报。在此,所用 MUF 计算方法采用的 ITU-R 可用频率的预测方法。

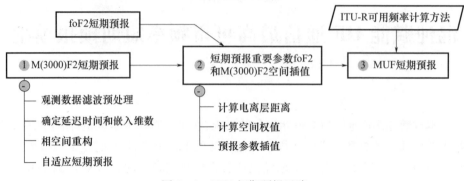

图 8-1　MUF 短期预报思路

## 8.2　M(3000)F2 混沌短期预报模型

类似于 foF2 的短期预报,M(3000)F2 的预报同样选定太阳自转 27 天,即 27 个观测周期作为最佳训练周期,其自适应短期预报程可概括为如图 8-2 所示的过程。

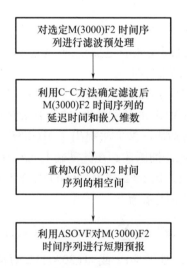

图 8-2　电离层特征参数 ASOVF 预报流程

第一步,利用低通滤波器对输入选取可用的 M(3000)F2 观测序列进行滤波预处理;

第二步,利用 C‒C 法确定滤波后观测序列的延迟时间和嵌入维数;

第三步,根据确定的延迟时间和嵌入维数进行相空间重构;

第四步,利用自适应二阶 Volterra 滤波方法(ASOVF)预报 M(3000)F2。

### 8.2.1 观测数据预处理

作为一个时间序列,M(3000)F2 同样可以表示为给定时间间隔($t$)的标量测量序列,可表示为 $x(t) = \{M(3000)F2(t), t = 1,2,3,\cdots\}$。这个时间序列描述了整个系统的物理特性。

图 8‒3 显示了 2015 年 3 月 1 日~31 日 Okinawa 站(26.30°N,127.80°E)观测所得的 M(3000)F2(蓝线)的典型时间序列。可以看出,M(3000)F2 的内部动力主要是日变化动力特性。由于本研究对系统的非线性内部动力学更感兴趣,因此,对 M(3000)F2 的原始观测数据进行处理,以便能够看到其内部动力学。

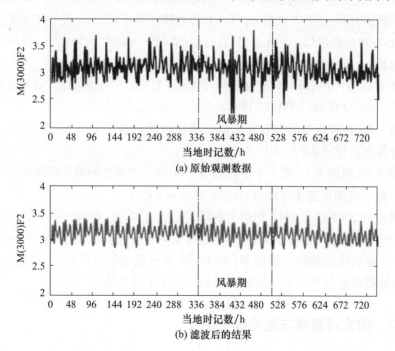

图 8‒3　Okinawa 站 2015 年 3 月 M(3000)F2 观测时间序列及滤波结果(见彩图)

根据测量周期选择 1h 的采样间隔。然后选择截止频率为 $0.02\pi$ 的数字低通滤波器对原始观测得到 M(3000)F2 时间序列的内部噪声进行滤波,以获得

Fourier 表示的原始低频分量,同时最小化频域失真。选用这种方法主要考虑低维混沌信号的功率谱类似于噪声信号的功率谱,抑制某些频率可以改变滤波输出信号的动力学特性。

如图 8-3 所示,滤波后产生昼夜变化特征更清晰的时间序列。可以看出,无论是在地磁宁静日还是地磁风暴期间(2015 年 3 月 14 日 ~ 20 日),滤波器有效的滤除了周日变化以外的噪声,有效地降低了 M(3000)F2 内在噪声,而不偏好某些频率和丢弃其他频率,并保持了 M(3000)F2 的主要日变化特征。这与之前研究的 foF2 和太阳黑子活动有着同样的结果。值得说明的是,这并不一定意味着原始观测数据集中的所有噪声已完全消除。

### 8.2.2 延迟时间和嵌入维数的确定

为了从给定时间序列中找出其他的蕴藏信息,通常采用时间延迟技术重构相空间用于恢复吸引子的特性。考虑 C-C 方法具有操作简单、计算量小、对小数据集可靠、抗噪声能力强等优点。因此,选择 C-C 方法来计算 M(3000)F2 序列的延迟时间 $\tau$ 和嵌入维数 $m$。C-C 方法应用关联积分的理念可同时估计出延迟时间 $\tau$ 和延迟窗口 $\tau_w$。其中,延迟时间 $\tau$ 依赖于时间序列各成分,但不依赖于嵌入维数 $m$;而时间窗口 $\tau_w = (m-1)\tau$,即 $\tau_w$ 依赖于 $m$,且 $\tau$ 随 $m$ 变化。前人研究已经证实 C-C 方法是一种更好的估计方法。C-C 方法通过以下过程实现。

第一步,计算 M(3000)F2 序列的给定标准差;

第二步,计算延迟时间和延迟窗口特征识别参数 $\bar{S}(t)$、$\Delta\bar{S}(t)$ 和 $S_{cor}(t)$,具体计算方法详见式(7-10)~式(7-12);

第三步,利用 $\bar{S}(t)$ 第一个零点和 $\Delta\bar{S}(t)$ 第一个极小值确定延迟时间 $\tau$,利用 $S_{cor}(t)$ 最小值确定最小时间窗口 $\tau_w$,并导出 $m = \tau_w/\tau$。

通过对 2008 年和 2015 年两个不同太阳活动期,春、夏、秋、冬不同季节观测序列的重复分析发现:对于 M(3000)F2 日变化序列选取延迟时间 $\tau = 8$ 和嵌入维数 $m = 3$ 是最佳的选择。根据 M(3000)F2 观测数据的采样间隔,延迟时间 $\tau = 8$ 表示延迟时间为 8h。后文的研究分析是基于上述参数展开的。

### 8.2.3 相空间重构与混沌吸引子

相空间重构是混沌预测的基础,其目的是为了找出给定时间序列的蕴藏信息,以便于恢复吸引子的特性。基于选取时间延迟 $\tau$ 和嵌入维数 $m$ 即可进行相空间重构,由此,可得滤波后的 M(3000)F2 的重构向量为

## 第8章 混沌赋能 HF 通信最高可用频率短期预报模型

$$X(t) = \begin{bmatrix} M(3000)F2(t) \\ M(3000)F2(t+\tau) \\ \vdots \\ M(3000)F2(t+(m-2)\tau) \\ M(3000)F2(t+(m-1)\tau) \end{bmatrix} \quad (8-3)$$

式中:$\tau$ 为时间延迟;$m$ 为嵌入维数。

图 8-4 给出了 Okinawa 站 2015 年 3 月期间 M(3000)F2 时间序列构建的对应三维空间混沌吸引子。

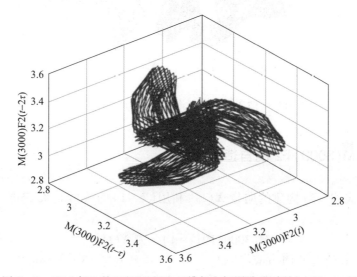

图 8-4　2015 年 3 月 M(3000)F2 三维相空间混沌吸引子($\tau=8, m=3$)

由图 8-4 可以看出 M(3000)F2 的变化呈现出了明确的混沌状态,且与 foF2 混沌吸引子有着明显的差别,这是前文提及的 M(3000)F2 的内部动力学。

作为定量描述混沌特性的重要客观量之一,Lyapunov 指数是对状态空间中一个不动点的吸引或排斥率的度量。正 Lyapunov 指数的存在是确定性耗散系统混沌行为最显著的证据之一,它表示耗散确定性系统中存在混沌现象。通常选取第一 Lyapunov 指数是否为正值来确定是否存在混沌现象。

图 8-5 给出了 Okinawa 站 2005—2015 年期间计算的 M(3000)F2 第一 Lyapunov 指数。这个期间包括一个完整的太阳活动周期,覆盖了太阳活动低年、太阳活动中期、太阳活动高年,同时还包括了地磁平静期和扰动期。所选年份 M(3000)F2 序列的第一 Lyapunov 指数的值域为[0.05,0.1.59]。根据第一 Lyapunov 指数的正值表示混沌现象的存在,2005—2015 年期间计算的 M(3000)F2 序列第一 Lyapunov 指数的正值证明了 M(3000)F2 序列存在混沌现象,这与前面所述 foF2 以及太阳黑子数等的研究结果是一致的。

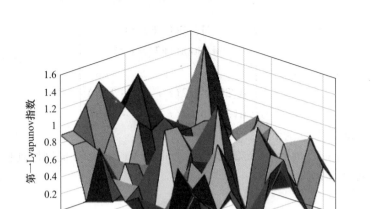

图 8-5　Okinawa 站 2005—2015 年 M(3000)F2 第一 Lyapunov 指数

## 8.2.4　M(3000)F2 的自适应预报

基于式(8-3)构建的向量 $X(t)$，利用(7-1)的映射关系 $\mathcal{F}$ 即可进行预测，即

$$M(3000)F2(t+1) = \mathcal{F}[X(t)] \qquad (8-4)$$

图 8-6 给出了 Okinawa 站 M(3000)F2 观测值与 ASOVF 提前 1h 预报值对比的两个典型实例。其中，图 8-6(a)对应的时段 2008 年 11 月 21 日～27 日为地磁平静日，该月份处于太阳活动低年，平均太阳黑子数为 2.30，对应的 10.7cm 太阳射电通量为 68.17。图 8-6(b)对应的时段 2015 年 3 月 14 日～20 日为地磁风暴期，该月份处于太阳活动高年，该月份平均太阳黑子数为 82.10，对应的 10.7cm 太阳射电通量为 131.87；地磁风暴始于 3 月 17 日，终于 3 月 25 日。

由图 8-6 分析可知：无论是在太阳活动高年还是在太阳活动低年，无论是在地磁平静期内(2008 年 11 月 21 日～27 日)还是在地磁风暴前后(2015 年 3 月 14 日～16 日和 2015 年 18 日～20 日)，ASOVF 预报的 M(3000)F2 趋势均较好地吻合了观测结果。

M(3000)F2 短期预报误差统计图如图 8-7 所示，利用 RMSE 和 RRMSE 分析可知：

(1)对于地磁平静期，2008 年 11 月 21 日～27 日 M(3000)F2 短期预报 RMSE 为 0.15，RRMSE 为 3.94%；2015 年 3 月 14 日～16 日和 2015 年 18 日～20 日，M(3000)F2 短期预报 RMSE 为 0.14，RRMSE 为 4.72%。

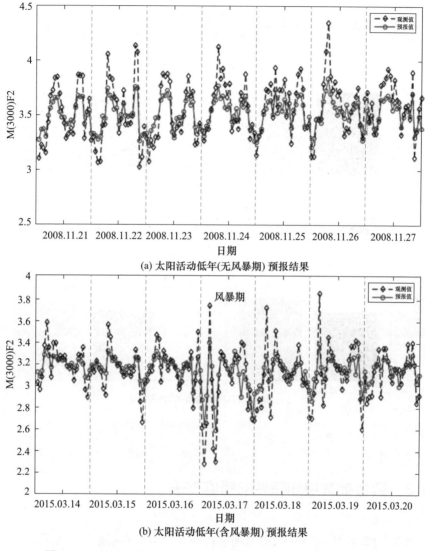

图 8-6　Okinawa 站 M(3000)F2 观测值与提前 1h 预报值对比实例

（2）地磁风暴当天（2015 年 3 月 17 日），M(3000)F2 短期预报 RMSE 为 0.22，RRMSE 为 7.8027%；非磁暴时间 M(3000)F2 短期预报 RMSE 为 0.14，RRMSE 为 3.96%。也就是说，即使在地磁风暴期内，M(3000)F2 短期预报方法与实测值相比表现略差，但仍能控制在 10% 以内，仍能取得良好的预报效果。

（3）利用 ASOVF 进行 M(3000)F2 短期预报的平均 RMSE 为 0.14，RRMSE 为 3.96%。

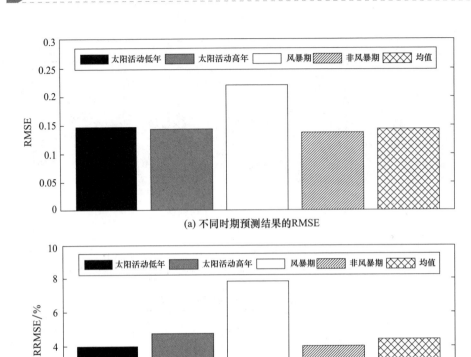

图 8-7　M(3000)F2 短期预报误差统计图

## 8.3　预报参数空间特性的插值方法

　　类似 foF2 和 M(3000)F2 等电离层特征参数均具有明显的不规则非均匀空间分布,因此,多年来国内外学者一直在不间断地研究其空间特性变化及其建模技术。目前,基于不同经验或数学方法的电离层空间特征描述方法包括距离加权插值、样条插值、球谐函数、神经网络、SIRM 和改进版本,以及克里格方法等等。在上述方法中,距离加权逆插值缺乏地球物理机制,且距离观测站较远,精度较低。球面 Legendre 函数仅在整个球面上正交,不能有效地表示球面上受限区域的信号。基于径向基函数(如格林函数)的曲面样条插值具有良好的逼近性能,由于其精度高、简单、灵活等优点,已成为多元逼近的主流方法和非常强大的工具;格林函数被证明是最稳健、最有效和最精确的方法。Kriging 方法是电离层参数重建中广泛应用的一种插值算法,能够提供最佳的线性无偏估计,并能准确描述电离层数据的空间结构;它使用已知的样本值和变异函数来确定不同空间位置的未知值,该变异函数描述了插值中使用的测量样本之间的空间相关性,可通过给定距离的两个测量对间的差异计算得到。不同方法具有各自的特点,方法的选取有时取决于想要获得的结果。

### 8.3.1 基于地磁坐标的改进曲面样条插值方法

为了找到区域模型的极限精度,在此首次引入地磁坐标系,提出一种高精度的空间特征描述方法,具体是基于改进的电离层距离曲面样条插值理论实现,式(8-2)的权值可由线性 Kriging 方程得到

$$\begin{cases} \sum_{j=1}^{N} r_{ij} \cdot w_j = r_{i0} - \mu, i = 1,2,\cdots,N \\ \sum_{j=1}^{N} w_j = 1 \end{cases} \quad (8-5)$$

式中: $N$ 为用于空间插值的最大测站数; $\mu$ 为拉格朗日因子; $r_{ij}$ 为基于改进径向基函数的曲面样条插值的已知站点间修正电离层距离,可用矩阵表示为

$$\boldsymbol{R} = \begin{bmatrix} 0 & r_{12} & \cdots & r_{1N} \\ r_{21} & 0 & \cdots & r_{2N} \\ \vdots & \vdots & \ddots & \vdots \\ r_{N1} & r_{N2} & \cdots & 0 \end{bmatrix} \quad (8-6)$$

同时,可计算得到未知位置 $(\lambda_i, \varphi_i)$ 和已知测量站 $(\lambda_0, \varphi_0)$ 之间的电离层距离矢量,其中包含半变异函数估计 $(R_0)$,即

$$\boldsymbol{R}_0 = \begin{bmatrix} r_{10} \\ r_{20} \\ \vdots \\ r_{N0} \end{bmatrix} \quad (8-7)$$

另外,可以得到式(8-2)的权重 $W$,用矢量表示法表示

$$\boldsymbol{W} = \begin{bmatrix} w_1 \\ w_2 \\ \vdots \\ w_{N-1} \\ w_N \end{bmatrix} \quad (8-8)$$

式(8-5)~式(8-7)中空间第$i$个位置$(\lambda_i,\varphi_i)$和第$j$个位置$(\lambda_j,\varphi_j)$之间的修正电离层距离定义如下

$$r_{ij} = [\log(\sqrt{(\phi_i - \phi_j)^2 + (\vartheta_i - \vartheta_j)^2}) - 1] \cdot \\ [(\phi_i - \phi_j)^2 + (\vartheta_i - \vartheta_j)^2]^2 \quad (8-9)$$

式中:$r_{ij}$为第$i$个位置$(\lambda_i,\varphi_i)$和第$j$个位置$(\lambda_j,\varphi_j)$之间修正电离层距离的半变异函数值;$\vartheta$为地磁纬度;$\phi$为地磁经度;$(\vartheta_i,\phi_i)$和$(\vartheta_j,\phi_j)$分别对应于第$i$个位置$(\lambda_i,\varphi_i)$和第$j$个位置$(\lambda_j,\varphi_j)$。

如此定义(8-9)是考虑到电离层受地球自转轴方向和地磁场结构的共同控制,地磁参数对电离层尤其是F2层的主要变化起着重要作用,foF2的变化趋势与地磁坐标是强相关的关系;因此,该模型不再采用简单的地理坐标系,而是采用地磁坐标,具体坐标系的选取和确定通过如下交叉验证的方法完成。

### 8.3.2 预报参数空间插值方法交叉验证

考虑数据的完整性和可用性,在此选取东亚地区18站点(站点坐标信息如表8-1所列),利用交叉验证方法测试了三种类型的地磁坐标:
(1)磁极坐标(Apex Coordinates);
(2)修正地磁坐标(Corrected Geomagnetic Coordinates,CGM);
(3)修正地磁倾角纬度坐标(Modified Geomagnetic Dip Latitude Coordinates,MGD)。

表8-1 不同坐标系的站点坐标

| 序号 | 站名 | 纬度(E)/(°) | 经度(N)/(°) | 地磁纬度(N)/(°) | 地磁经度(E)/(°) | 地磁倾角纬度(N)/(°) | 修正地磁倾角纬度(N)/(°) |
|---|---|---|---|---|---|---|---|
| 1 | Akita | 39.70 | 140.10 | 29.01 | 205.33 | 53.67 | 46.88 |
| 2 | Beijing | 40.00 | 116.30 | 28.04 | 184.60 | 57.28 | 48.80 |
| 3 | Chongqing | 29.50 | 106.40 | 17.54 | 175.80 | 42.56 | 38.52 |
| 4 | Guangzhou | 23.10 | 113.40 | 11.11 | 182.25 | 31.44 | 29.77 |
| 5 | Haikou | 20.00 | 110.30 | 8.00 | 179.34 | 25.07 | 24.30 |
| 6 | Irkutsk | 52.50 | 104.00 | 40.57 | 174.40 | 71.24 | 57.89 |
| 7 | Jeju | 33.50 | 126.50 | 21.89 | 193.90 | 47.86 | 42.45 |

续表

| 序号 | 站名 | 纬度(E)/(°) | 经度(N)/(°) | 地磁纬度(N)/(°) | 地磁经度(E)/(°) | 地磁倾角纬度(N)/(°) | 修正地磁倾角纬度(N)/(°) |
|---|---|---|---|---|---|---|---|
| 8 | Khabarovsk | 48.50 | 135.10 | 37.36 | 199.90 | 63.78 | 53.83 |
| 9 | Magadan | 60.00 | 151.00 | 50.13 | 210.09 | 71.46 | 60.45 |
| 10 | Manzhouli | 49.60 | 117.50 | 37.66 | 185.32 | 67.45 | 55.64 |
| 11 | Okinawa | 26.30 | 127.80 | 14.77 | 195.54 | 36.84 | 34.18 |
| 12 | Seoul | 37.20 | 126.60 | 25.59 | 193.74 | 52.73 | 45.88 |
| 13 | Taipei | 25.00 | 121.50 | 13.19 | 189.77 | 35.01 | 32.70 |
| 14 | Tokyo | 35.70 | 139.50 | 24.99 | 205.31 | 48.91 | 43.45 |
| 15 | Tunguska | 61.60 | 90.00 | 50.18 | 164.56 | 78.38 | 63.25 |
| 16 | Wakkanai | 45.40 | 141.70 | 34.82 | 205.89 | 59.61 | 51.15 |
| 17 | Yakutsk | 62.00 | 129.60 | 50.46 | 193.60 | 75.88 | 62.64 |
| 18 | Yamagawa | 31.20 | 130.60 | 19.83 | 197.76 | 44.11 | 39.77 |

这些坐标均常用于电离层物理,特别适合于电离层F2层等离子体特征。从图8-8可以看出,不同类型坐标系的空间变化趋势明显不同,这种情况在高纬度地区更加严重。

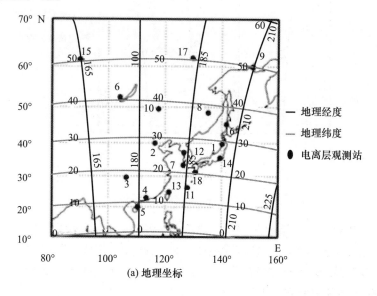

(a) 地理坐标

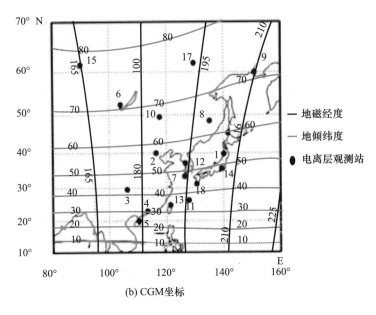

(b) CGM坐标

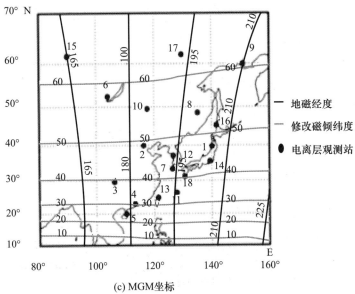

(c) MGM坐标

图8-8 验证区域不同坐标系对比

图8-9给出了普通地理、Apex、CGM和MGD四类坐标系下,表8-1所列的18个交叉验证站点间的电离层距离。由图8-9可以看出:CGM和MGD坐标系的电离层距离计算结果有较好的相似性,但与基于Apex、普通地理坐标系的结果有着明显的差别。

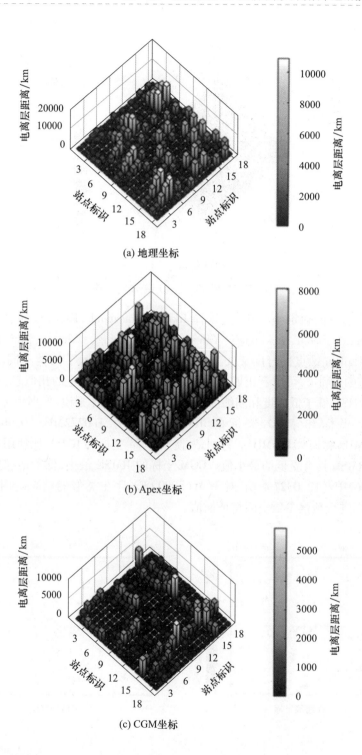

(a) 地理坐标

(b) Apex坐标

(c) CGM坐标

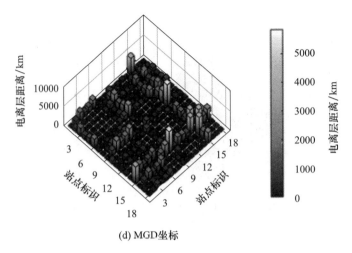

(d) MGD坐标

图 8-9 四种不同坐标系的电离层距离对比情况(见彩图)

为了进一步确定坐标优劣,选择 Irkutsk、Manzhouli、Khabarovsk、Wakkanai、Beijing、Akita、Seoul、Kokubunji、Yamagawa、Chongqing、Okinawa、Taipei、Guangzhou、和 Haikou 站点进行广义交叉验证。图 8-10 显示了四类不同坐标系下 foF2 插值的 RMSE,可以看出四类坐标下 RMSE 误差有一定的相似趋势,中纬度地区的 RMSE 低于低纬度和高纬度地区的 RMSE。具体来说,地理坐标、Apex 坐标、CGM 坐标和 MGD 坐标的 RMSE 分别为 1.0272MHz、0.96895MHz、0.90360MHz 和 0.95144MHz。特别是,使用 CGM 坐标的 RMSE 比使用其他三种坐标的 RMSE 具有更低的最小值。CGM 坐标的 RMSE 最小,低于地理坐标条件的 0.1236MHz(12.0327%)。对于 M(3000)F2 存在类似的结果。因此,选择 CGM 坐标进行预报参数空间特征插值。

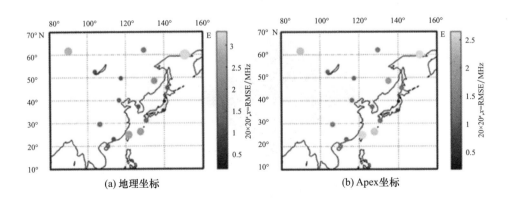

(a) 地理坐标　　　　　　　　　(b) Apex坐标

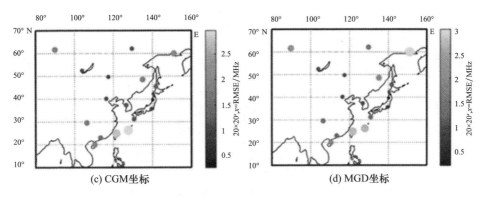

图 8-10 四类不同坐标体系 foF2 插值 RMSE 误差

## 8.4 MUF 短期预报方法验证分析

为评估基于上述基础的 MUF 长期预测模型的性能,在此,选取 6.6.2 节所述的 4 条链路(图 6-30)进行分析,所选时间如表 8-2 所列。

表 8-2 可用频率长期预测模型验证数据特征

| 链路编号 | 日期 | 太阳活动期 | 季节 | 链路长度/km | 分析实例 |
| --- | --- | --- | --- | --- | --- |
| 1 | 2008 年 1 月 14 日 | 低年 | 冬季 | 911 | 图 8-11 |
| 2 | 2012 年 3 月 22 日 | 高年 | 春季 | 2118 | 图 8-12 |
| 3 | 2013 年 6 月 30 日 | 高年 | 夏季 | 6390 | 图 8-13 |
| 4 | 2019 年 10 月 11 日 | 低年 | 秋季 | 1602 | 图 8-14 |

图 8-11~图 8-14 给出 2008 年 1 月 14 日、2012 年 3 月 22 日、2013 年 6 月 30 日和 2019 年 10 月 11 日的 MUF 短期预报结果及其与长期预测结果的对比情况,其中观测数据标识为 OBS,短期预报方法标识为 STF;为对比长期预测方法,图中还标识了 ITU 长期预测方法(ITU)和第 6 章所提出的长期预测方法(标识为 LTP)。

如表 8-3 所列,STF 较 ITU 和第 4 章建立的长期预测模型 LTP 在性能上有进一步的提升,MUF 预测均方根误差平均下降了 1.87MHz 和 0.88MHz,预测均方根误差百分比平均下降了 12.63% 和 2.94%。

人工智能技术在高频通信选频中的应用

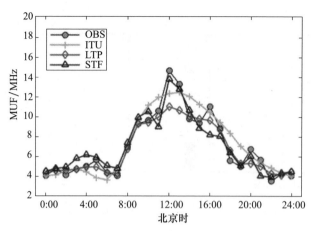

图 8-11  2008 年 1 月 14 日 MUF 短期预报结果及其与长期预测结果的对比

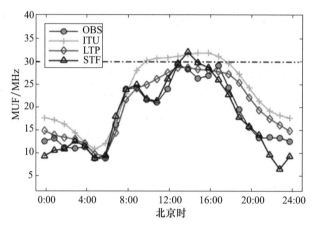

图 8-12  2012 年 3 月 22 日 MUF 短期预报结果及其与长期预测结果的对比

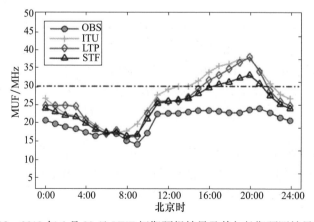

图 8-13  2013 年 6 月 30 日 MUF 短期预报结果及其与长期预测结果的对比

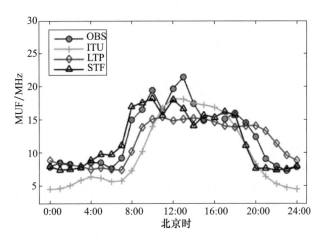

图 8-14　2008 年 1 月 14 日 MUF 短期预报结果及其与长期预测结果的对比

表 8-3　MUF 长期预测与短期预报误差统计

| 链路 | RMSE/MHz | | | RRMSE/% | | |
| --- | --- | --- | --- | --- | --- | --- |
| | ITU | LTP | STF | ITU | LTP | STF |
| 1 | 1.25 | 1.06 | 0.96 | 18.79 | 10.85 | 18.88 |
| 2 | 4.94 | 3.04 | 2.37 | 34.53 | 18.74 | 15.36 |
| 3 | 7.80 | 6.72 | 4.81 | 35.47 | 30.34 | 21.74 |
| 4 | 3.52 | 2.74 | 1.90 | 30.90 | 20.99 | 13.17 |
| 均值 | 4.38 | 3.39 | 2.51 | 29.92 | 20.23 | 17.29 |

# 参考文献

[1] 杉山将. 统计机器学习导论[M]. 北京:机械工业出版社,2016.

[2] 王金龙. 短波数字通信研究与实践[M]. 北京:科学出版社,2013.

[3] 王健,冯晓哲,赵红梅,等. 高频频率预测方法中国区域的精细化研究[J]. 地球物理学报,2013,56(6):1797-1808.

[4] 王健,姬生云,王洪发,等. 基于斜向探测最高可用频率反演电离层参数[J]. 空间科学学报,2014,34(2):160-167.

[5] 王月清,王先义,王健,等. 电波传播模型选择及场强预测方法——工程实施指南[M]. 北京:电子工业出版社,2015.

[6] 姚富强,刘忠英,赵杭生. 短波电磁环境问题研究——对认知无线电等通信技术再认识[J]. 中国电子科学研究院学报,2015,10(2):156-161.

[7] Bilitza D. IRI the international standard for the ionosphere [J]. Advances in Radio Science, 2018,53(16):1-11.

[8] Bai H, Feng F, Wang J, et al. Nonlinear dependence study of ionospheric F2 layer critical frequency with respect to the solar activity indices using the mutual information method [J]. Advances in space research,2019,64(5):1085-1092.

[9] Cander L R. Ionospheric Space Weather [M]. Oxfordshire:Springer,2019.

[10] Chen X, Yang J. A spectrum prediction-based frequency band pre-selection over deteriorating HF electromagnetic environment[J]. China Communications,2018,15(9):18-32.

[11] Fan J, Liu C, Lv Y, et al. A Short-Term Forecast Model of foF2 Based on Elman Neural Network[J]. Applied Sciences,2019,9(14):2782.

[12] Huang X L. Machine learning and intelligent communications [M]. Shanghai:Springer International Publishing,2017.

[13] Wang J, Bai H, Huang X, et al. Simplified regional prediction model of long-term trend for critical frequency of ionospheric F2 Region over east Asia[J]. Applied Science,2019,9(16):3219.

[14] Wang J, Ding G, Wang H. HF communications:past,present,and future[J]. China Communications,2018,15(9):1-9.

[15] Wang J, Feng F, Bai H, et al. A regional model for the prediction of M(3000)F2 over East Asia[J]. Advances in Space Research,2020,65(2):2036-2051.

[16] Wang J, Feng F, Ma J. An adaptive forecasting method for ionospheric critical frequency of F2 Layer[J]. Radio Science,2020,55(1):RS0007.

[17] Wang J, Ma J, Huang X, et al. Modeling of the ionospheric critical frequency of the F2 layer over Asia based on modified temporal – spatial reconstruction [J]. Radio Science, 2019, 54 (7):680 – 691.

[18] Wang J, Shi Y, Yang C, et al. A short – term forecast method of maximum usable frequency for HF communication [J]. IEEE Transactions on Antennas and Propagation, 2023, 71 (6): 5189 – 5198.

[19] Wang J, Shi Y, Yang C, et al. An overview and prospects of operational frequency selecting techniques for HF radio communication [J]. Advances in Space Research, 2022, 69:2989 – 2999.

[20] Wang J, Yang C, An W. Regional refined long – term predictions method of usable frequency for HF communication based on machine learning over Asia [J]. IEEE Transactions on Antenna and Propagation, 2022, 70(6):4040 – 4055.

[21] Zhou X, Sun M, Li G Y, et al. Intelligent wireless communications enabled by cognitive radio and machine learning [J]. China Communications, 2018, 15(12):16 – 48.

[22] Meng L, Zhang Y. Machine learning and intelligent communications [M]. Hangzhou: Springer International Publishing, 2018.

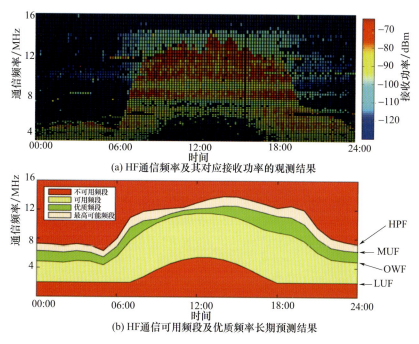

图1-3 HF通信可用频段窗口及优质频率分布示意图

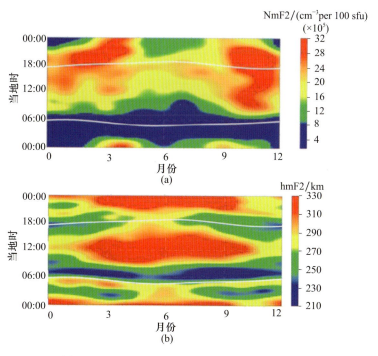

图2-6 电离层电子密度和峰值高度的日季变化

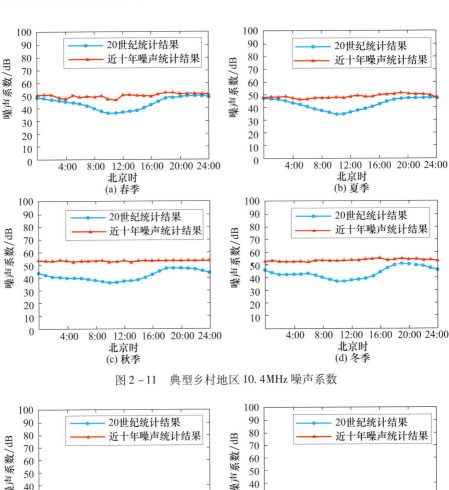

图 2-11 典型乡村地区 10.4MHz 噪声系数

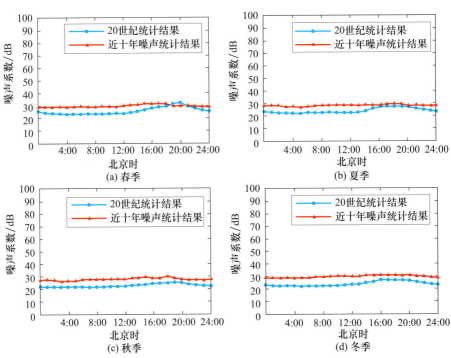

图 2-12 山区环境 22.0MHz 噪声系数

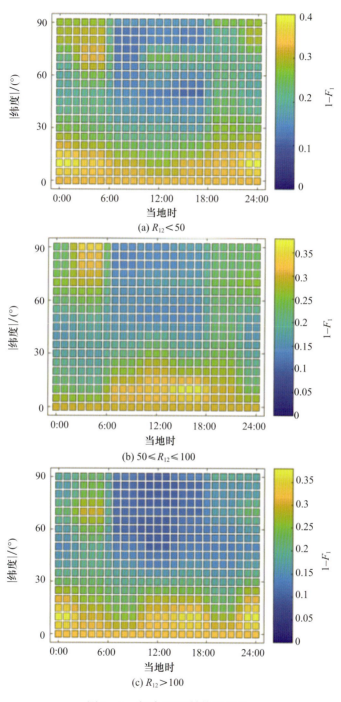

图3-2 冬季OWF转换因子$F_1$

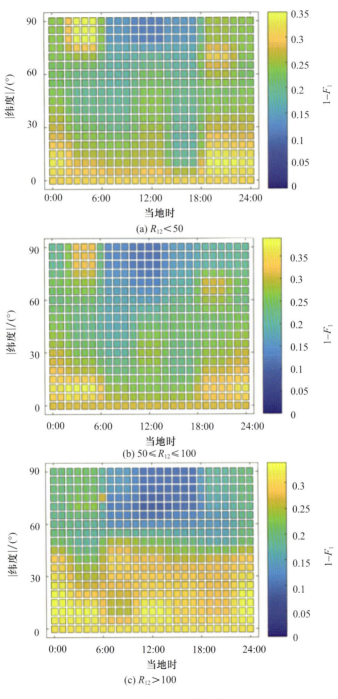

图 3-3 夏季 OWF 转换因子 $F_1$

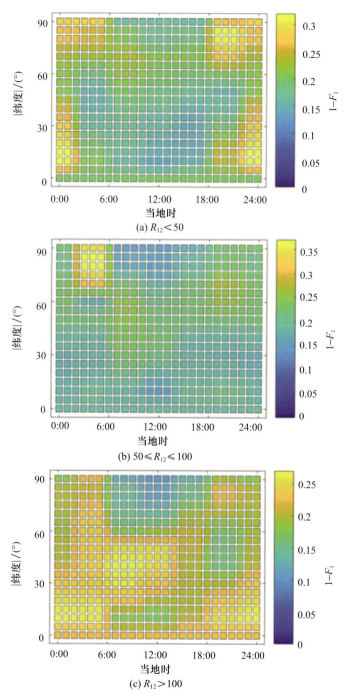

图 3-4 春季或秋季 OWF 转换因子 $F_1$

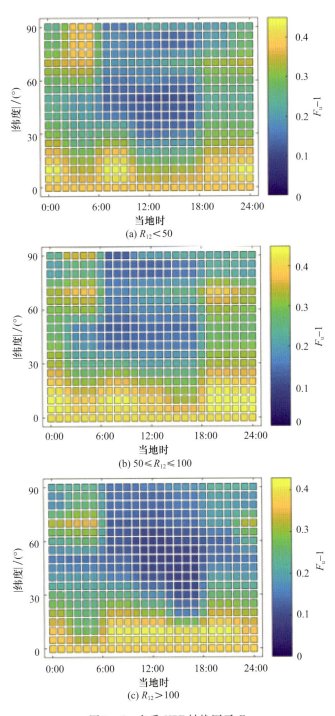

图 3-5 冬季 HPF 转换因子 $F_u$

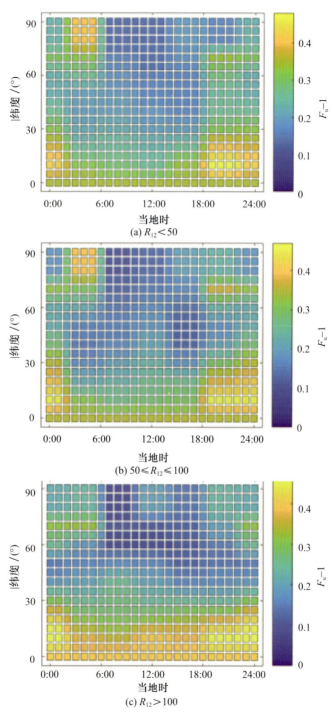

图 3-6 夏季 HPF 转换因子 $F_u$

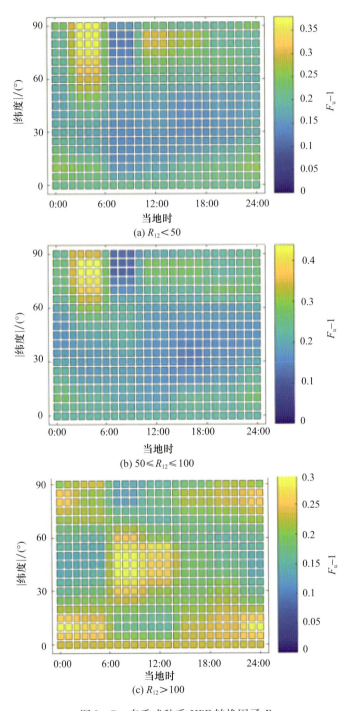

图 3-7 春季或秋季 HPF 转换因子 $F_u$

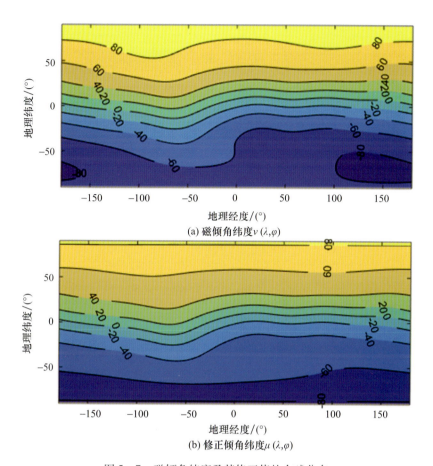

图 5-7 磁倾角纬度及其修正值的全球分布

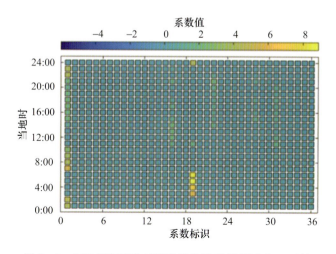

图 5-9 foF2 周年变化函数重建参数实例(Kokubunji 站)

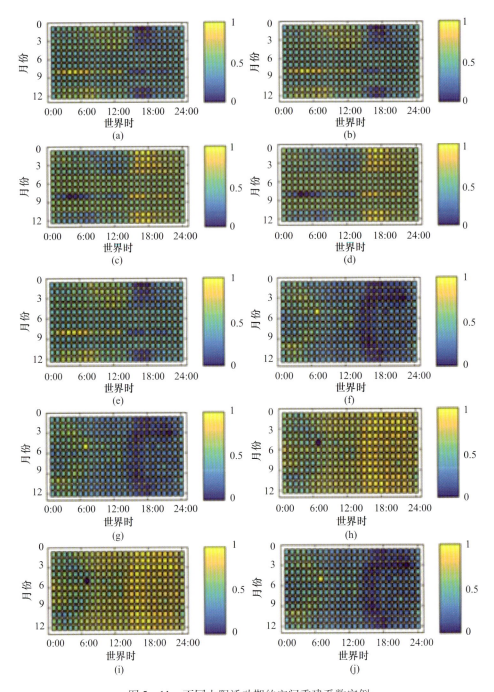

图 5-11 不同太阳活动期的空间重建系数实例

(a)~(e) 太阳活动高年 ($F10.7_{12}=120$, $R_{12}=100$) 空间动态变化系数 $g_0$、$g_1$、$g_2$、$g_1'$、$g_2'$ 归一化值；(f)~(j) 太阳活动低年 ($F10.7_{12}=70$, $R_{12}=10$) 空间动态变化系数 $g_0$、$g_1$、$g_2$、$g_1'$、$g_2'$ 归一化值。

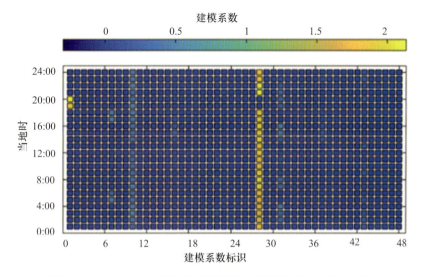

图 6-8 M(3000)F2 周年变化函数重建参数实例(Wakkanai 站)

图中建模系统坐标标识 1~48 分别对应 $\beta_{0,0}$、$\beta_{0,1}$、$\beta_{0,2}$、$\gamma_{0,0}$、$\gamma_{0,1}$、$\gamma_{0,2}$、$\beta_{1,0}$、$\beta_{1,1}$、$\beta_{1,2}$、$\gamma_{1,0}$、$\gamma_{1,1}$、$\gamma_{1,2}$、$\beta_{2,0}$、$\beta_{2,1}$、$\beta_{2,2}$、$\gamma_{2,0}$、$\gamma_{2,1}$、$\gamma_{2,2}$、$\beta_{3,0}$、$\beta_{3,1}$、$\beta_{3,2}$、$\gamma_{3,0}$、$\gamma_{3,1}$、$\gamma_{3,2}$、$\beta'_{0,0}$、$\beta'_{0,1}$、$\beta'_{0,2}$、$\gamma'_{0,0}$、$\gamma'_{0,1}$、$\gamma'_{0,2}$、$\beta'_{1,0}$、$\beta'_{1,1}$、$\beta'_{1,2}$、$\gamma'_{1,0}$、$\gamma'_{1,1}$、$\gamma'_{1,2}$、$\beta'_{2,0}$、$\beta'_{2,1}$、$\beta'_{2,2}$、$\gamma'_{2,0}$、$\gamma'_{2,1}$、$\gamma'_{2,2}$、$\beta'_{3,0}$、$\beta'_{3,1}$、$\beta'_{3,2}$、$\gamma'_{3,0}$、$\gamma'_{3,1}$、$\gamma'_{3,2}$。

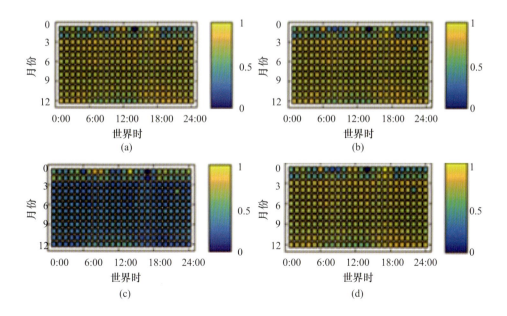

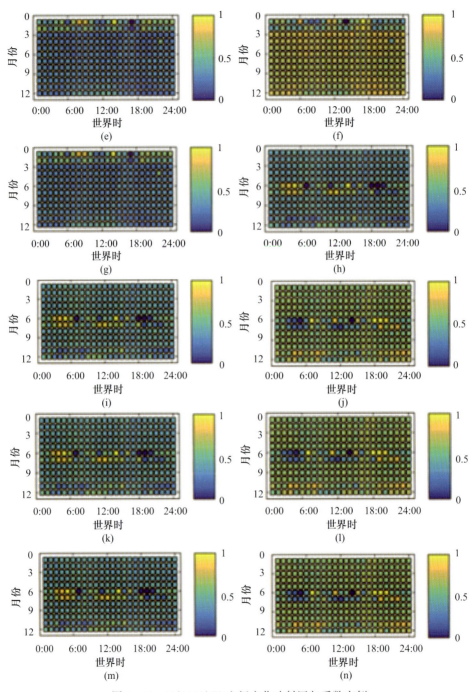

图 6 - 10  M(3000)F2 空间变化映射回归系数实例

(a) ~ (g) 太阳活动高年($F10.7_{12} = 120, R_{12} = 100$) 空间动态变化系数 $g_0$、$g_1$、$g_2$、$g_3$、$g'_1$、$g'_2$、$g'_3$ 归一化值;(h) ~ (n) 太阳活动低年($F10.7_{12} = 70, R_{12} = 10$) 空间动态变化系数 $g_0$、$g_1$、$g_2$、$g_3$、$g'_1$、$g'_2$、$g'_3$ 归一化值。

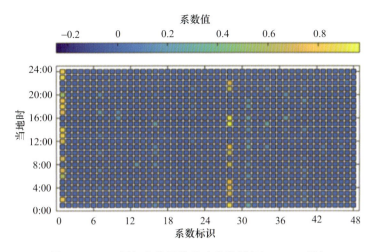

图 6-13 $F_1$ 周年变化函数重建参数例(Yamagawa 站)

图中建模系统坐标标识 1~48 分别对应 $\beta_{0,0}$、$\beta_{0,1}$、$\beta_{0,2}$、$\gamma_{0,0}$、$\gamma_{0,1}$、$\gamma_{0,2}$、$\beta_{1,0}$、$\beta_{1,1}$、$\beta_{1,2}$、$\gamma_{1,0}$、$\gamma_{1,1}$、$\gamma_{1,2}$、$\beta_{2,0}$、$\beta_{2,1}$、$\beta_{2,2}$、$\gamma_{2,0}$、$\gamma_{2,1}$、$\gamma_{2,2}$、$\beta_{3,0}$、$\beta_{3,1}$、$\beta_{3,2}$、$\gamma_{3,0}$、$\gamma_{3,1}$、$\gamma_{3,2}$、$\beta'_{0,0}$、$\beta'_{0,1}$、$\beta'_{0,2}$、$\gamma'_{0,0}$、$\gamma'_{0,1}$、$\gamma'_{0,2}$、$\beta'_{1,0}$、$\beta'_{1,1}$、$\beta'_{1,2}$、$\gamma'_{1,0}$、$\gamma'_{1,1}$、$\gamma'_{1,2}$、$\beta'_{2,0}$、$\beta'_{2,1}$、$\beta'_{2,2}$、$\gamma'_{2,0}$、$\gamma'_{2,1}$、$\gamma'_{2,2}$、$\beta'_{3,0}$、$\beta'_{3,1}$、$\beta'_{3,2}$、$\gamma'_{3,0}$、$\gamma'_{3,1}$、$\gamma'_{3,2}$。

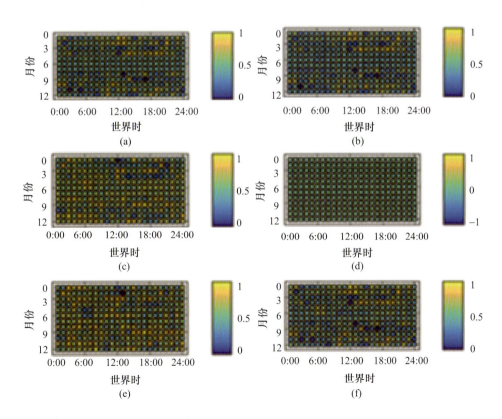

013

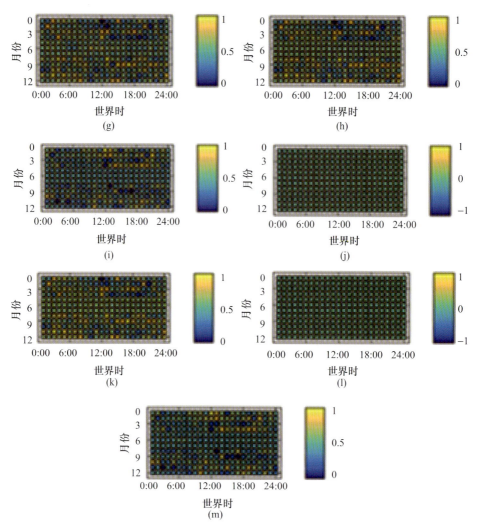

图 6-15 太阳活动低年($F10.7_{12}=70, R_{12}=10$)$F_1$ 空间变化映射回归系数实例

(a)~(m)分别代表空间动态变化系数 $g_0$、$g_1$、$g_2$、$g_3$、$g_4$、$g_5$、$g_6$、$g'_1$、$g'_2$、$g'_3$、$g'_4$、$g'_5$、$g'_6$ 归一化值。

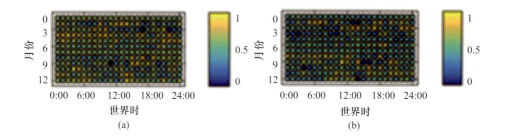

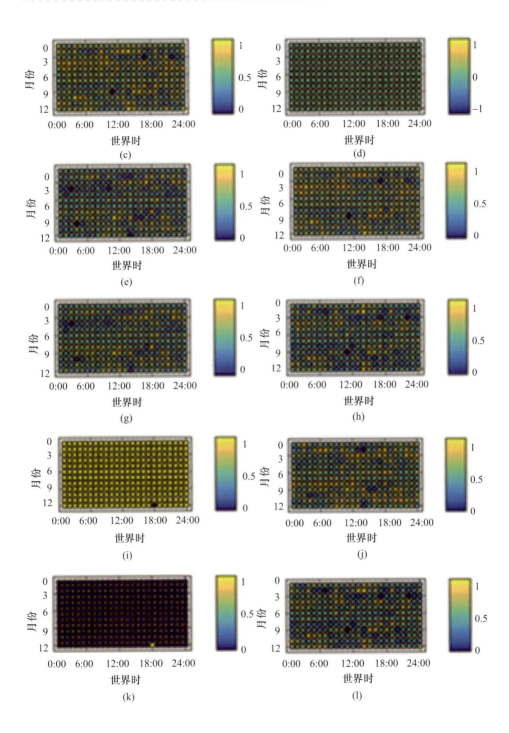

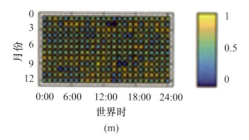

(m)

图6-16 太阳活动高年($F10.7_{12}=120, R_{12}=100$)$F_1$空间变化映射回归系数实例

(a)~(m)分别代表空间动态变化系数 $g_0$、$g_1$、$g_2$、$g_3$、$g_4$、$g_5$、$g_6$、$g_1'$、$g_2'$、$g_3'$、$g_4'$、$g_5'$、$g_6'$归一化值。

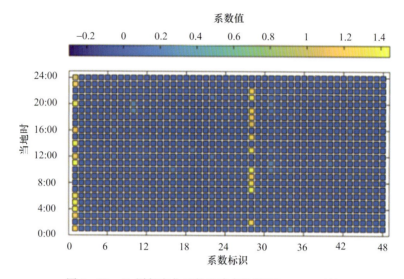

图6-19 $F_u$周年变化函数重建参数例(Yamagawa站)

图中建模系统坐标标识1~48分别对应$\beta_{0,0}$、$\beta_{0,1}$、$\beta_{0,2}$、$\gamma_{0,0}$、$\gamma_{0,1}$、$\gamma_{0,2}$、$\beta_{1,0}$、$\beta_{1,1}$、$\beta_{1,2}$、$\gamma_{1,0}$、$\gamma_{1,1}$、$\gamma_{1,2}$、$\beta_{2,0}$、$\beta_{2,1}$、$\beta_{2,2}$、$\gamma_{2,0}$、$\gamma_{2,1}$、$\gamma_{2,2}$、$\beta_{3,0}$、$\beta_{3,1}$、$\beta_{3,2}$、$\gamma_{3,0}$、$\gamma_{3,1}$、$\gamma_{3,2}$、$\beta_{0,0}'$、$\beta_{0,1}'$、$\beta_{0,2}'$、$\gamma_{0,0}'$、$\gamma_{0,1}'$、$\gamma_{0,2}'$、$\beta_{1,0}'$、$\beta_{1,1}'$、$\beta_{1,2}'$、$\gamma_{1,0}'$、$\gamma_{1,1}'$、$\gamma_{1,2}'$、$\beta_{2,0}'$、$\beta_{2,1}'$、$\beta_{2,2}'$、$\gamma_{2,0}'$、$\gamma_{2,1}'$、$\gamma_{2,2}'$、$\beta_{3,0}'$、$\beta_{3,1}'$、$\beta_{3,2}'$、$\gamma_{3,0}'$、$\gamma_{3,1}'$、$\gamma_{3,2}'$。

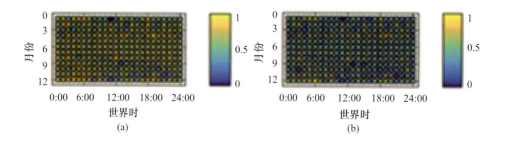

(a)　　　　　　　　　　　　　　(b)

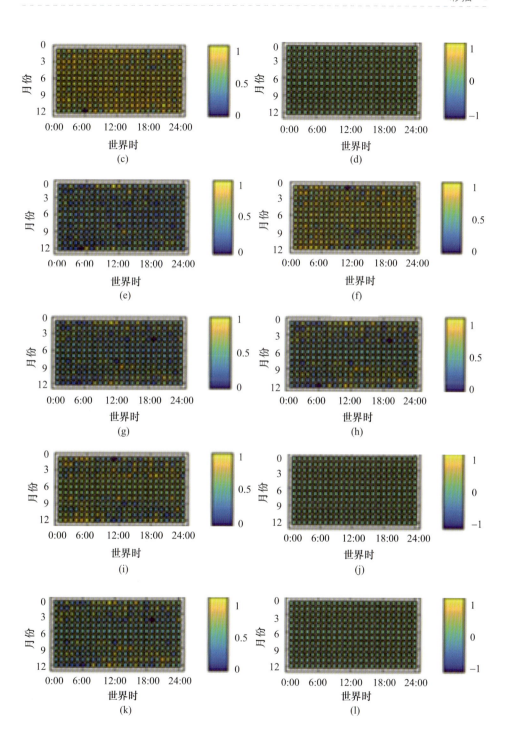

彩插

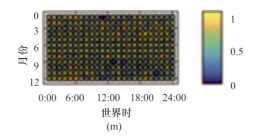

图 6-21　太阳活动低年($F10.7_{12}=70$, $R_{12}=10$) $F_u$ 空间变化映射回归系数实例

(a)~(m) 分别代表空间动态变化系数 $g_0$、$g_1$、$g_2$、$g_3$、$g_4$、$g_5$、$g_6$、$g_1'$、$g_2'$、$g_3'$、$g_4'$、$g_5'$、$g_6'$ 归一化值。

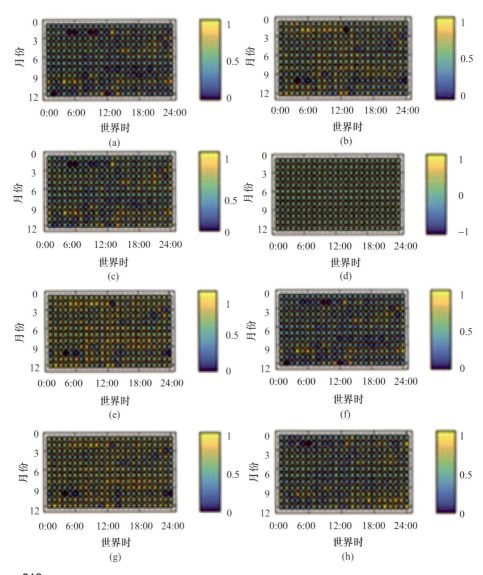

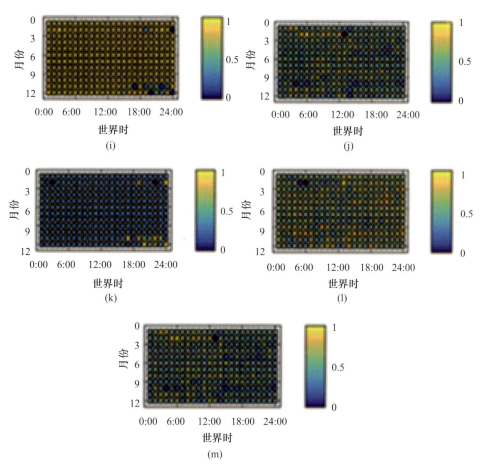

图 6-22 太阳活动高年($F10.7_{12}=120, R_{12}=100$)$F_1$ 空间变化映射回归系数实例
(a)~(m)分别代表空间动态变化系数 $g_0 \, g_1 \, g_2 \, g_3 \, g_4 \, g_5 \, g_6 \, g'_1 \, g'_2 \, g'_3 \, g'_4 \, g'_5 \, g'_6$ 归一化值。

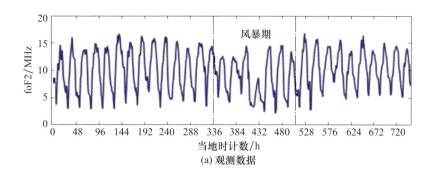

(a) 观测数据

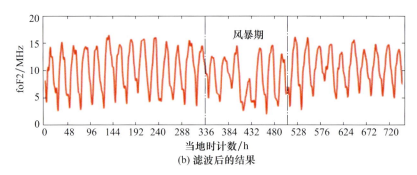

(b) 滤波后的结果

图 7-2　Okinawa 站 2015 年 3 月 foF2 观测时间序列及滤波结果

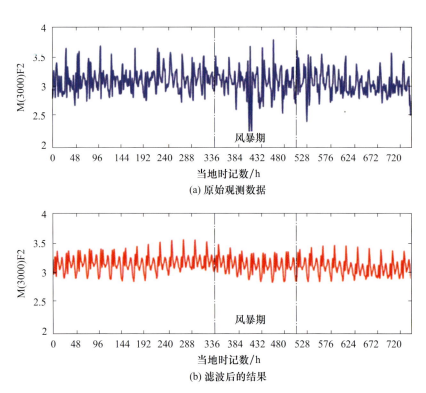

图 8-3　Okinawa 站 2015 年 3 月 M(3000)F2 观测时间序列及滤波结果

(a) 地理坐标

(b) Apex坐标

(c) CGM坐标

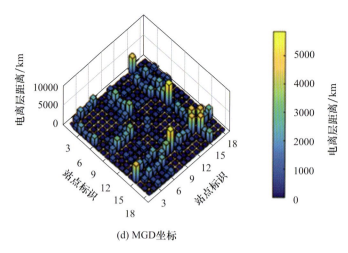

(d) MGD坐标

图 8-9 四种不同坐标系的电离层距离对比情况